普通高等教育“十四五”规划教材

中国石油和石化工程教材出版基金资助项目

DIANZI XITO SHEJI YU SHIJIAN

电子系统设计与实践

韩　建　赵丽华　马　跃◎编著

李贤丽◎主审

中国石化出版社

·北　京·

内 容 提 要

本书围绕电子系统设计与实践展开深入探讨，介绍了电子系统设计的基本原理、方法和流程。书中不仅涵盖了电子技术领域的基础理论知识，还通过大量丰富且典型的实践案例，如嵌入式实例训练项目、EDA 典型电路设计、EDA 设计实例训练项目等，展示了如何将理论知识应用于实际项目中，引导读者掌握电子系统设计的实用技能，提升解决实际问题的能力。

本书适合电子信息工程、通信工程、自动化等相关专业的高校学生，作为电子系统设计课程的教材或教学参考书。同时，也适用于从事电子系统设计、开发和维护的工程师及技术人员。

图书在版编目(CIP)数据

电子系统设计与实践 / 韩建，赵丽华，马跃编著．北京：中国石化出版社，2025. 3. —ISBN 978-7-5114-7763-7

Ⅰ. TN02

中国国家版本馆 CIP 数据核字第 2025RC4835 号

中国石化出版社出版发行

地址：北京市东城区安定门外大街 58 号
邮编：100011 电话：(010)57512500
发行部电话：(010)57512575
http://www.sinopec-press.com
E-mail:press@sinopec.com
宝蕾元仁浩(天津)印刷有限公司印刷
全国各地新华书店经销
*
787 毫米×1092 毫米 16 开本 13.75 印张 350 千字
2025 年 3 月第 1 版　2025 年 3 月第 1 次印刷
定价：56.00 元

前　言

本书是在电子信息工程专业多年实践教学的基础上，根据电子信息类电子系统设计、嵌入式系统设计、FPGA 技术与应用等实践课程需求而编写的。全书内容包括嵌入式设计基础、嵌入式系统基础实验、嵌入式实例训练项目、EDA 设计基础、EDA 典型电路设计、EDA 设计实例训练项目，共 6 章，主要面向电子信息类专业电子技术课程设计和实践训练。

本书力求做到基础性、综合性、实用性强，具有明确的针对性，便于师生轻松阅读和学习。本书强调内容的实用性和易懂性，深入浅出地讲解了电路系统的设计方法和编程方法，旨在助力读者快速掌握电子系统设计的核心技能，培养学生的电子系统设计能力，满足普通工科院校电子信息类专业对课程设计的要求。

本书适合电子信息工程、通信工程、自动化等相关专业的高校学生，作为电子系统设计课程的教材或教学参考书，帮助他们学习和理解电子系统设计的专业知识并进行实践操作。同时，也适用于从事电子系统设计、开发和维护的工程师及技术人员，为他们提供系统的理论指导和实践经验借鉴，助力其在工作中解决技术难题，提升设计水平。

本书由韩建、赵丽华、马跃主编，韩建负责全书的统稿和整理。第 1 章、第 3 章由韩建编写；第 2 章由马跃编写；第 4 章、第 5 章第 1~3 节由刘洋编写；第 5 章第 4~5 节，第 6 章由赵丽华编写；全书由李贤丽主审，并提出了许多修改建议。本书在编写过程中得到了东北石油大学物理与电子工程学院领导的大力支持，编者表示衷心的感谢。

由于编者水平有限，书中错误和不当之处在所难免，恳请读者批评指正。

目　录

第 1 章　嵌入式设计基础 …………………………………………………………… (1)

1.1　STM32 微控制器软件简介 …………………………………………………… (1)

1.2　STM32 操作环境的搭建 ……………………………………………………… (3)

1.3　MDK 下的 C 语言基础知识 ………………………………………………… (11)

第 2 章　嵌入式系统基础实验 ……………………………………………………… (17)

2.1　GPIO 的应用 ………………………………………………………………… (17)

2.2　外部中断的应用 ……………………………………………………………… (28)

2.3　串口通信的应用 ……………………………………………………………… (35)

2.4　定时器的应用 ………………………………………………………………… (43)

2.5　ADC 的应用 …………………………………………………………………… (58)

第 3 章　嵌入式实例训练项目 ……………………………………………………… (71)

3.1　基于 STM32 的 PID 温控系统设计 ………………………………………… (71)

3.2　基于 STM32 的 FFT 频谱分析系统 ………………………………………… (75)

3.3　基于 CMSIS-DSP 库的数字频率计 ………………………………………… (78)

3.4　基于 STM32 的电力参数采集系统 ………………………………………… (83)

第 4 章　EDA 设计基础 ……………………………………………………………… (87)

4.1　EDA 技术概述 ………………………………………………………………… (87)

4.2　Quartus 软件及设计流程 …………………………………………………… (88)

4.3　Vivado 软件及设计流程 ……………………………………………………… (98)

第 5 章　EDA 典型电路设计 ………………………………………………………… (111)

5.1　分频电路设计 ………………………………………………………………… (111)

5.2　数码管显示电路设计 ………………………………………………………… (114)

5.3　LCD 液晶驱动电路设计 ……………………………………………………… (118)

5.4　RS-232 串口通信电路设计 ………………………………………………… (126)

5.5　VGA 接口电路设计 …………………………………………………………… (133)

第 6 章　EDA 设计实例训练项目 ……………………………………… (141)
6.1　数字频率计设计 ……………………………………… (141)
6.2　超声波测距设计 ……………………………………… (157)
6.3　电机驱动 SPWM 设计 ……………………………………… (164)
6.4　简易计算器设计 ……………………………………… (172)
6.5　心率测试仪的设计 ……………………………………… (199)
附录　电路原理图 ……………………………………… (209)
参考文献 ……………………………………… (213)

第1章　嵌入式设计基础

1.1　STM32 微控制器软件简介

1.1.1　MDK 简介

MDK(Microcontroller Development Kit，微控制器开发套装)源自德国的 KEIL 公司，是 Real View MDK 的简称。KEIL 公司是一家业界领先的控制器软件开发供应商，在全球，MDK 被超过 10 万的嵌入式开发工程师使用。MDK 软件是为基于 Cortex-M、Cortex-R4、ARM7、ARM9 等处理器的设备提供一个完整的集成开发环境，是目前针对 ARM 处理器，尤其是 Cortex-M 内核处理器的最佳开发工具。

MDK5 向后兼容 MDK4 和 MDK3 等，以前的项目同样可以在 MDK5 上进行开发(但是头文件方面全部由自己添加)，MDK5 同时加强了针对 Cortex-M 微控制器开发的支持，并且对传统的开发模式和界面进行了升级。MDK5 由两个部分组成：MDK Core 和 Software Packs。其中，Software Packs 可以独立于工具链进行新芯片支持和中间库的升级。MDK 组成如图 1-1所示。

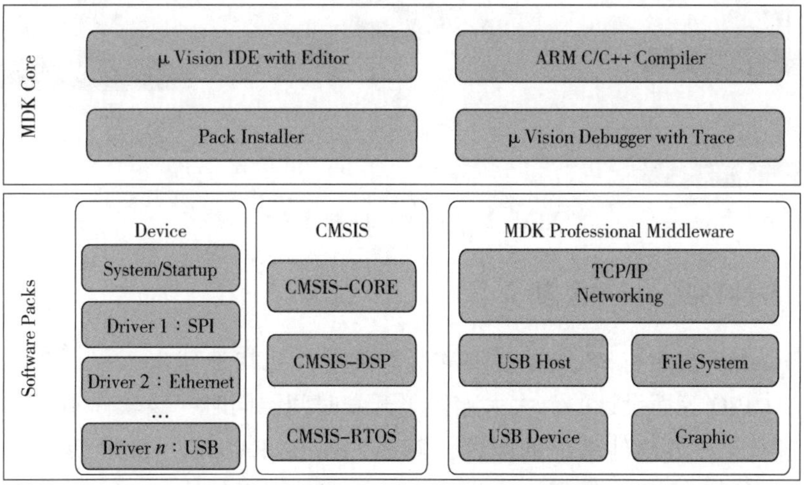

图 1-1　MDK 组成

1.1.2　STM32Cube 简介

Cube 是“立方体”的意思，一个大的立方体由无数个小立方体构成。STM32Cube 是 ST

(STMicroelectronics，意法半导体公司)提供的一套性能强大的免费开发工具和嵌入式软件模块，能够让开发人员在 STM32 平台上快速、轻松地开发应用。它包含两个关键部分：

(1) 图形配置工具(STM32CubeMX)。允许用户通过图形化向导来生成 C 语言工程。

(2) 嵌入式软件包(STM32Cube 库)。包含完整的 HAL 库(STM32 硬件抽象层 API)，配套的中间件(包括 RTOS、USB、TCP/IP 和图形)，以及一系列完整的例程。

STM32Cube 采用类似堆立方体的积木式思想，在 STM32 平台上能够实现快速简单的开发，减少开发的工作、时间和成本。

STM32Cube 包含 STM32CubeMX、HAL(Hardware Abstraction Layer，硬件抽象层)库、LL(Low Layer，底层)库以及一些中间件(例如 RTOS、USB、FAT 文件系统，TCP/IP 等)。由于 STM32Cube 有良好的程序架构，使用 STM32Cube 的 STM32 系列单片机之间有极好的可移植性。目前 STM32Cube 已经逐渐形成一套生态系统，既包含一系列 PC 软件，又包含软件的库，如图 1-2 所示。

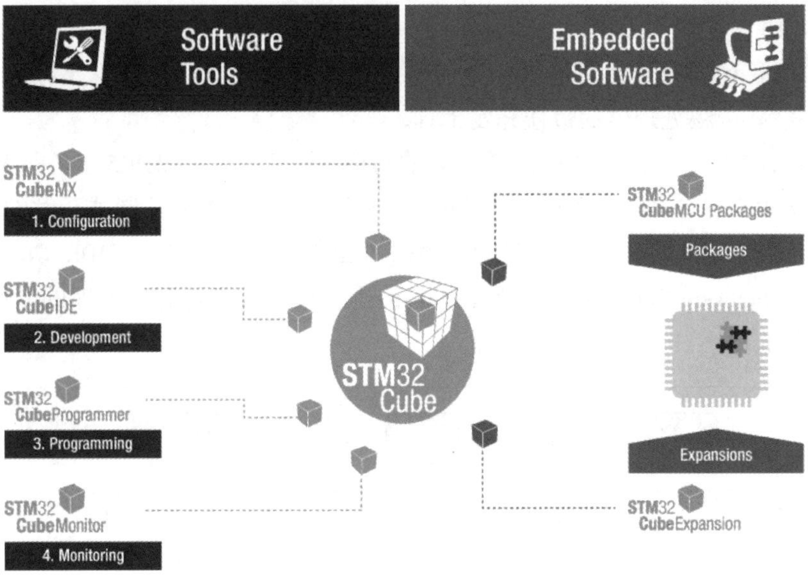

图 1-2　STM32Cube 生态系统

1.1.3　STM32CubeMX 简介

STM32CubeMX 软件是 ST 公司为 STM32 系列单片机快速建立工程，并快速初始化使用到的外设、GPIO 等而设计的，大大缩短了开发时间。同时，该软件不仅能配置 STM32 外设，还能进行第三方软件系统的配置，例如 FreeRtosFAT32、LWIP 等；而且还有一个功能，就是可以用它进行功耗预估。此外，这款软件可以输出 PDF、TXT 文档，显示所开发工程中的 GPIO 等外设的配置信息，供开发者进行原理图设计等。它的界面如图 1-3 所示。

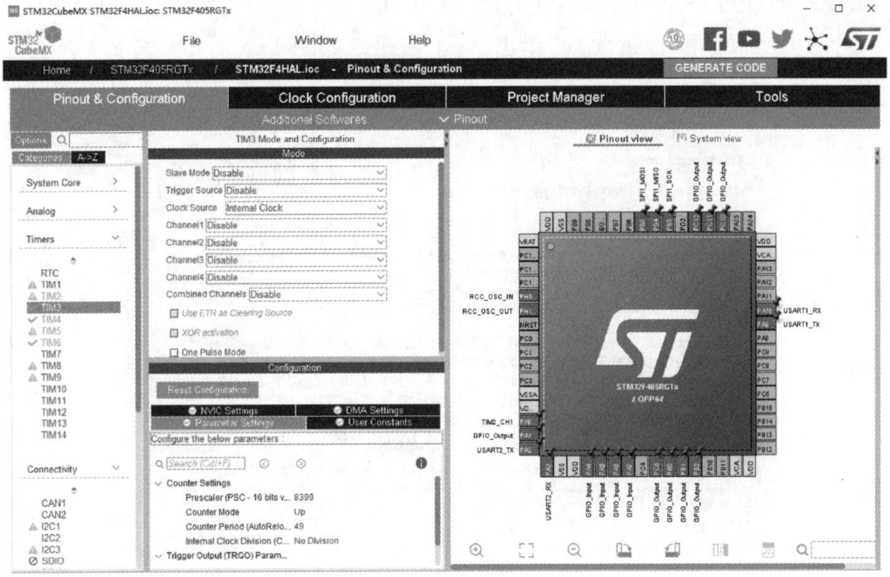

图 1-3 STM32CubeMX 的界面

1.2 STM32 操作环境的搭建

1.2.1 安装 MDK-ARM

(1) 第一步：首先在官网(https://www2.keil.com/mdk5)下载 MDK-ARM 及 F4 支持包 KeilSTM32F4xx_DFP2.13.0，解压缩“Keil.MDKARM5.28azip”到文件夹。注意，不要在压缩文件中直接点击安装。第二步：在解压缩后的文件中，选中 MDK582a.exe 文件，双击打开，在打开的欢迎界面中单击 Next 按钮，如图 1-4 所示。

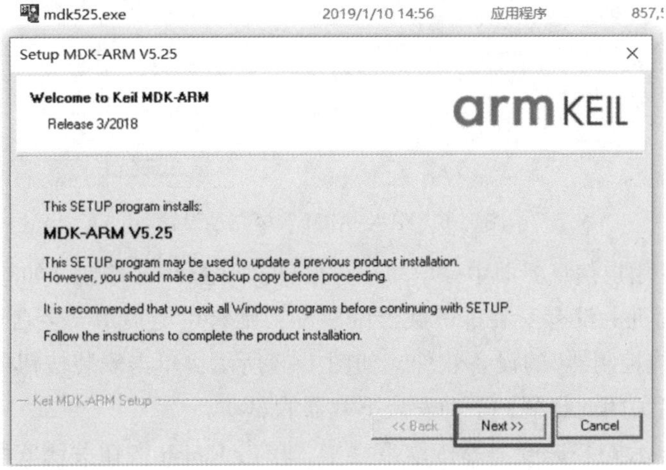

图 1-4 MDK-ARM 的欢迎界面

（2）在打开的许可界面中，选择 I agree to all the terms of the preceding License Agreement（我同意上述许可协议的所有条款），单击 Next 按钮，如图 1-5 所示。

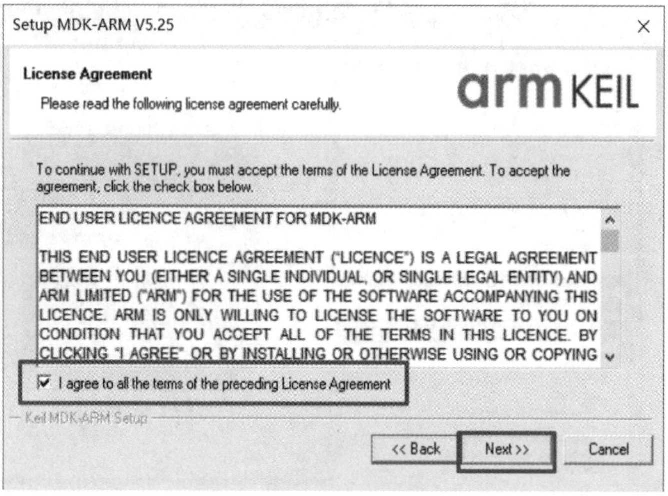

图 1-5 MDK-ARM 许可界面

（3）在打开的安装路径设置界面中，建议保持默认安装路径的设置，单击 Next 按钮，如图 1-6 所示。

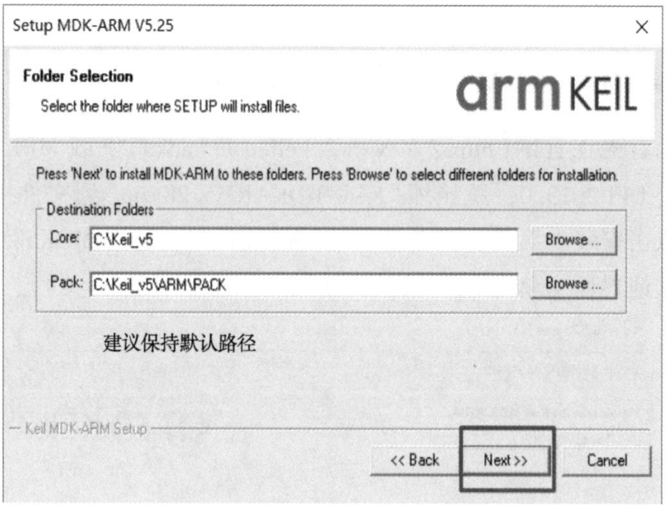

图 1-6 MDK-ARM 安装路径设置

（4）在打开的用户信息界面中，填写个人信息，单击 Next 按钮，如图 1-7 所示。

（5）如果计算机上没有安装过下载器的驱动，则有可能提示安装名为"KEIL-Tools By ARM 通用串行总线控制器"的设备软件，如图 1-8 所示，单击安装按钮即可。如无提示可忽略此步骤，或者关闭此提醒，手动安装下载器的驱动。

（6）系统会显示安装进度，等待读条完毕，单击 Finish 按钮关闭安装程序，如图 1-9 所示。

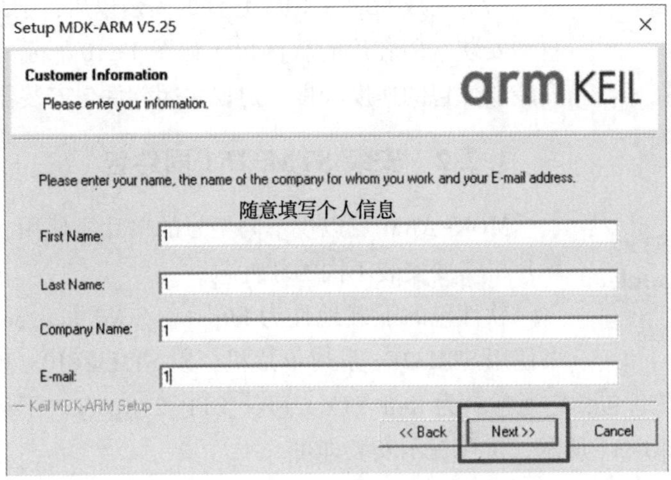

图 1-7 MDK-ARM 用户信息设置

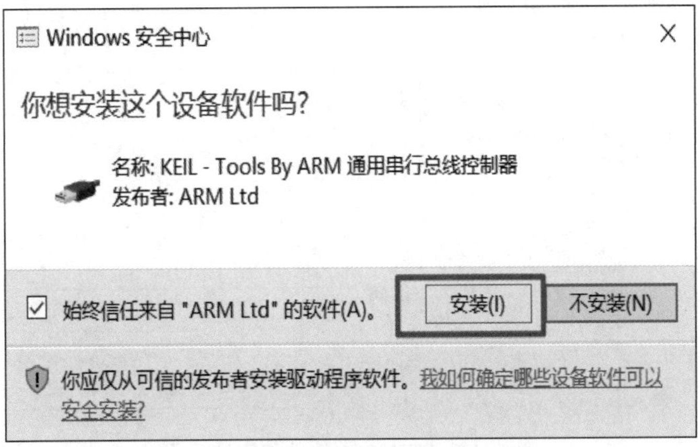

图 1-8 MDK-ARM 设备软件安装界面

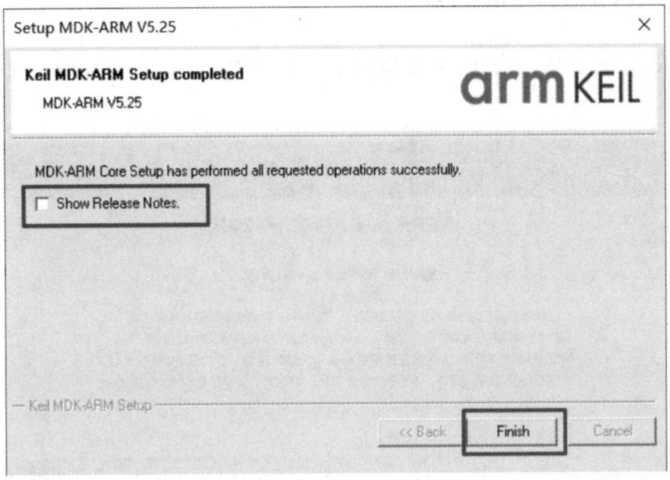

图 1-9 MDK-ARM 安装完成

图 1-10　安装包

（7）完成 MDK-ARM 软件的安装以后，会自动打开软件，并自动安装常用芯片的软件包，如图 1-10 所示。一般情况下自动安装软件包的速度较慢，建议关闭软件包安装器，手动安装。

1.2.2　安装 STM32F1 固件包

MDK-ARM 可以供不同型号的单片机使用，针对不同型号的单片机需要安装不同的软件包。

软件包的下载地址为 https：//www. keil. com/dd2/pack/。本书使用 STM32Fx 系列单片机，以 STM32F103 型号为例，因此需要下载 STM32F1 软件包，它通常名为 Keil. STM32FIxx_DFP. 2. Xpack。下载完之后双击打开安装包，界面如图 1-11 所示，按照提示安装即可。

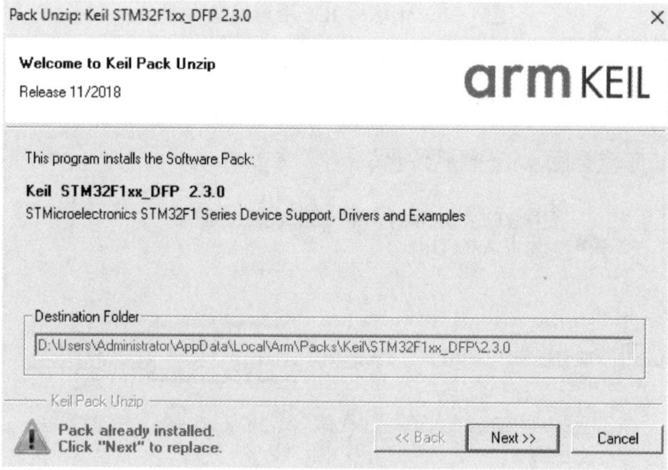

图 1-11　STM32F1 软件包安装界面

1.2.3　安装 STM32CubeMX

（1）安装 Java 运行环境，安装界面如图 1-12 所示。

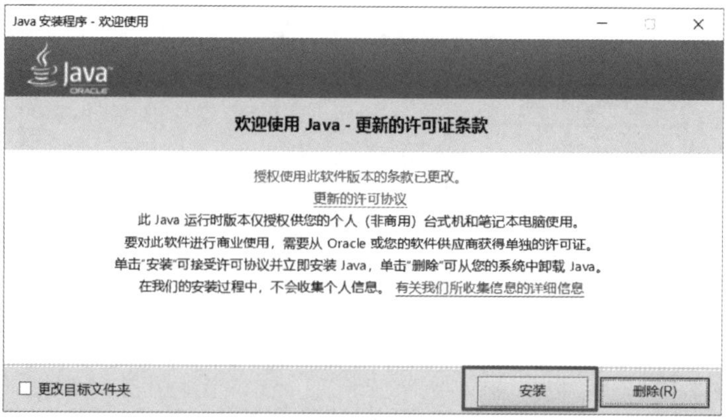

图 1-12　Java 安装界面

（2）安装 STM32CubeMX。

STM32CubeMX 软件可以从网址 https：//www. st. com/stm32cube 下载。双击安装包，进入欢迎界面后单击 Next 按钮；进入许可界面后，选择 I accept the terms of this license agreement，单击 Next 按钮，然后按照提示安装，如图 1-13 所示。

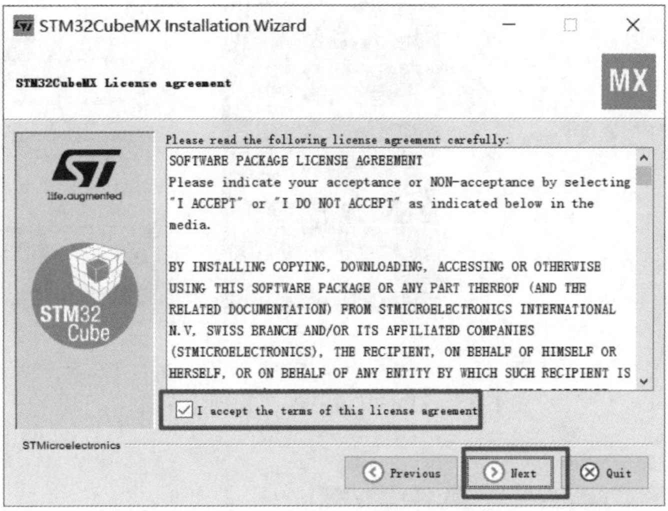

图 1-13　STM32CubeMX 许可界面

1.2.4　STM32CubeMX 新建例程

STM32CubeMX 安装完毕后，打开软件。第一次运行 STM32CubeMX 时可能需要下载一些配置文件(图 1-14)，应当保持计算机处于联网状态。当看到如图 1-15 所示的工程创建界面时，单击 Start My project from MCU 下的 ACCESS TO MCU SELECTOR。

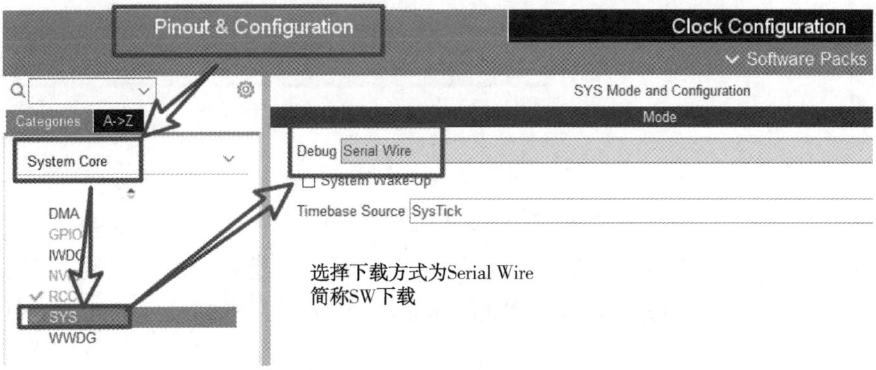

图 1-14　STM32CubeMX 下载方式配置界面

如图 1-16 所示，选择单片机的型号。以 STM32F103C8 单片机为例，具体单片机型号可以根据读者手中的开发板决定。

（1）在搜索框中输入单片机型号 STM32F103C8，右侧会有芯片的特性预览，例如价格、封装、主频等。

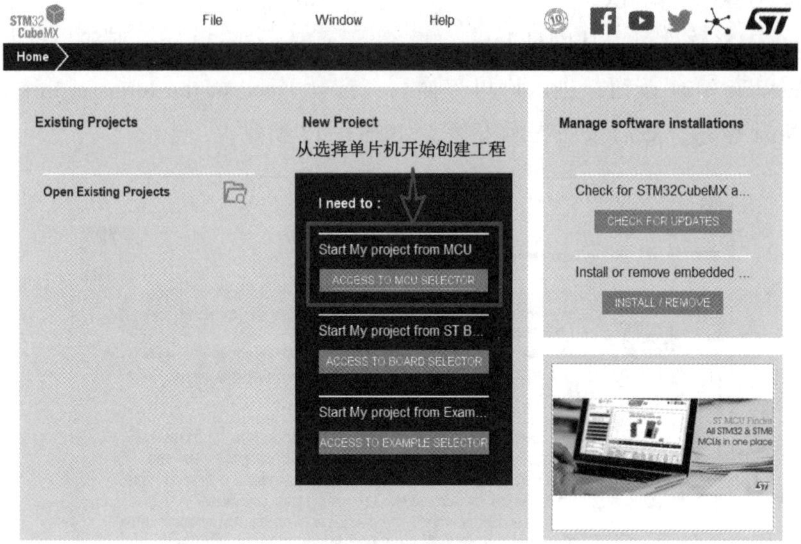

图 1-15　STM32CubeMX 工程创建界面

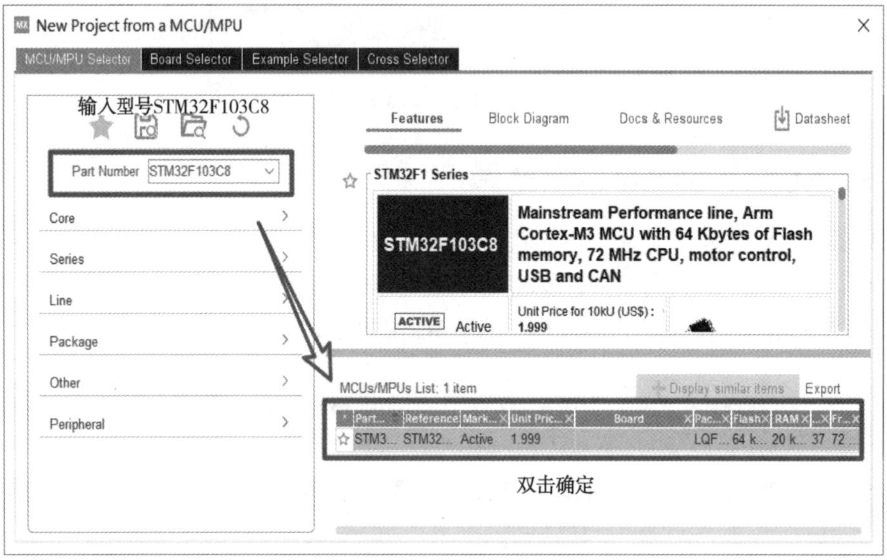

图 1-16　STM32CubeMX 单片机选择界面

（2）双击右下角芯片列表中满足要求的芯片，即可新建工程。除了输入单片机型号，也可以在左侧输入单片机的参数，将 STM32CubeMX 作为单片机的选型工具，从而确定单片机的型号。

1. 设置系统时钟源

STM32F103 单片机系统的最高主频是 72MHz。配套电路板中，使用了 8MHz 的外部高速晶振。72MHz 的主频可由 8MHz 的晶振配置得到。

（1）将高速时钟的时钟源设置为晶振。

① 在工程创建界面中，切换到 Pinout & Configuration（引脚配置）界面，如图 1-17 所示。

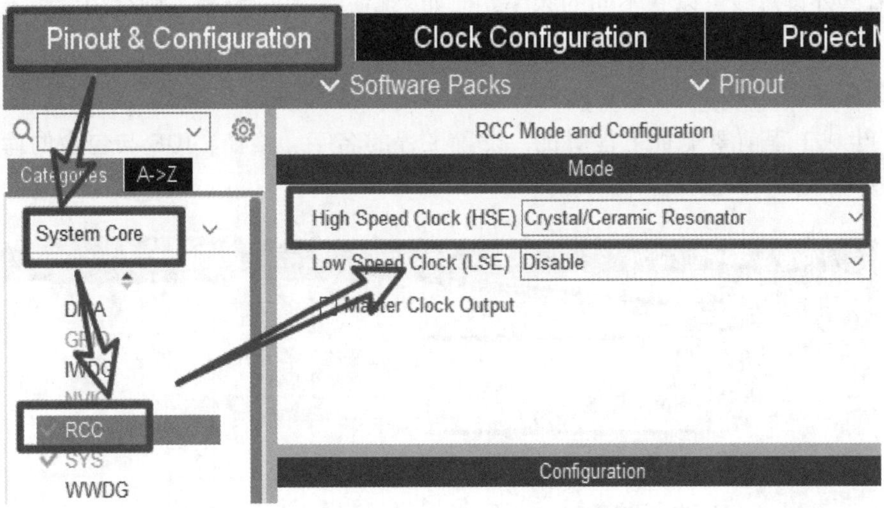

图 1-17 STM32CubeMX 引脚配置界面

② 在 Categories(目录)列表中选择 System Core(系统核心)。

③ 接着选择 RCC(reset clock control，复位与时钟控制)选项，界面右边会显示相应的 RCC Mode and Configuration(RCC 模式和设置)区域。

④ 在 High Speed Clock(高速时钟)下拉菜单中选择 Crystal/Ceramic Resonator(晶振/陶瓷振荡器)，即可完成高速时钟的设置。

(2) 配置系统的时钟(图 1-18)。

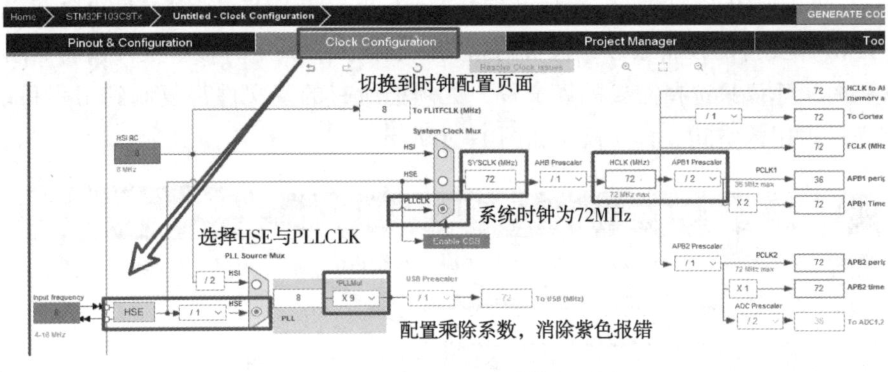

图 1-18 STM32CubeMX 时钟配置界面

① 切换到 Clock Configuration(时钟配置)界面。

② 电路板上的晶振是 8MHz，因此设置 HSE(high speed external clock signal，外部高速时钟信号)为 8MHz，并选择 HSE。

③ 在 PLMul(phase locked loop multiplication factor，锁相环倍增因数)中输入“×9”，表示将 8MHz 的 HSE 乘以 9，得到 72MHz 的 PLL。

④ 在 System Clock Mux 中选择 PLLCLK，得到 72MHz 的 SYSCLK(system clock，系统时钟)与 HCLK(AHB 总线时钟)。

⑤ 有些外设总线可以有不同的频率，但如果超过最高的频率，则会用紫色方块报错。在 APB1Prescale(APB1 预分频器)中输入“/2”，对时钟进行 2 分频，以消除报错。

2. 配置工程属性

(1) 生成工程前要配置工程属性，设置工程的名字、路径、IDE 与包含的库文件等，如图 1-19 所示。

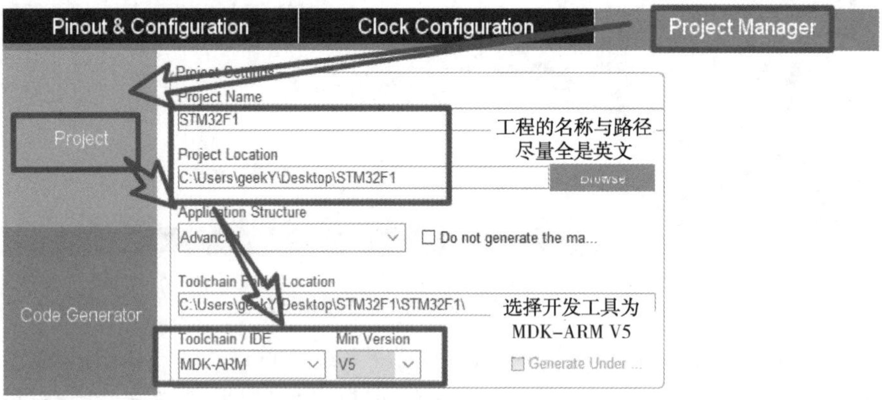

图 1-19　STM32CubeMX 工程管理器界面

① 切换到 Project Manager(工程管理器)界面，默认选项卡为 Project。

② 在 Project Name(工程名称)中输入合适的工程名称，例如 STM32F1，这个名称要有实际含义，以免工程太多，无法区分；在 Project Location(工程位置)中输入工程的路径。

③ 在 Toolchain/IDE(工具链/集成开发环境)下，选择 MDK-ARM，最小版本为 V5。

(2) HAL 库支持的设备很多，包含的库文件也很多，其中有很多文件目前是用不到的。在添加代码时，建议只选择需要的库文件，无须把所有的库文件都复制到工程目录下，以减小工程文件占用的空间。具体操作如图 1-20 所示。

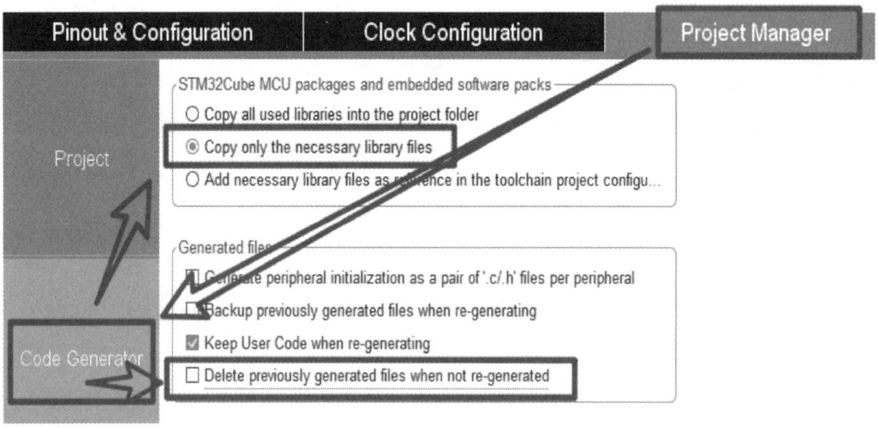

图 1-20　STM32CubeMX 代码生成器界面

① 在 Project Manager 页面，切换到 Code Generator(代码生成器)选项卡。

② 选择 Copy only the necessary library files(仅复制必要的库文件)。

③ 确保不选择 Delete previously generated files when not re-generated(当先前添加的文件没有重新生成时，删除掉)，其他选项无须改变，以避免误删之前的文件。

1.3 MDK 下的 C 语言基础知识

本节主要介绍 C 语言基础知识。C 语言知识较多，这里主要介绍几个常用的 C 语言基础知识点，主要目的是引导 C 语言基础知识薄弱的用户能够快速开发 STM32 程序。对于 C 语言基础比较扎实的用户，这部分内容可以忽略不看。

1.3.1 位操作

C 语言位操作，简言之，就是对基本类型变量可以在位级别进行操作。下面我们先讲解几种位操作符，并讲解位操作使用技巧。

C 语言支持如下 6 种位操作，见表 1-1。

表 1-1 6 种位操作

运算符	含义	运算符	含义
&	按位与	~	取反
|	按位或	<<	左移
^	按位异或	>>	右移

下面重点讲解位操作在单片机开发中的一些实用技巧。

(1) 在不改变其他位的值的状况下，对某几个位进行设值。

这个场景在单片机开发中经常使用，方法就是先对需要设置的位用 & 操作符进行清零操作，然后用 | 操作符设值。比如要改变 GPIOA->ODR 的状态，可以先对寄存器的值进行 & 清零操作。

```
GPIOA->ODR &=0XFF00;        //将第 0-7 位清 0
```

然后再与需要设置的值进行 | 或运算。

```
GPIOA->ODR | =0X0020;        //设置相应位的值，不改变其他位的值
```

(2) 移位操作可提高代码的可读性。

```
GPIOA->ODR| =1<<5;
```

该操作是将 ODR 寄存器的第 5 位设置为 1，为什么要通过左移而不是直接设置一个固定的值呢？其实，这是为了提高代码的可读性以及可重用性。通过这行代码可以很直观明了地知道，是将第 5 位设置为 1，其他位的值不变。写成：

```
GPIOA->ODR=0x0020;
```

这样的代码可读性非常差，同时也不好重用。

(3) ~取反操作使用技巧。

例如 GPIOA->ODR 寄存器的每一位都用来设置一个 IO 口的输出状态。

当在某个时刻去设置某一位的值为 0，同时其他位都为 1 时，简单的操作为直接给寄存器设置一个值：

```
GPIOA->ODR=0xFFF7;
```

这样的做法设置第 3 位为 0，但是这种写法可读性很差。看看如果我们使用取反操作怎么实现：

```
GPIOA->ODR=(uint16_t)~(1<<3);
```

看这行代码应该很容易明白，我们设置的是 ODR 寄存器的第 3 位为 0，其他位为 1，可读性非常强。

示例：配置 GPIO 引脚。

假设你想配置 STM32 的 GPIO 引脚，进行位操作是必要的步骤。

```
//使能 GPIOA 时钟
RCC->AHB1ENR |=RCC_AHB1ENR_GPIOAEN;

//配置 GPIOA 的第 5 引脚为输出模式
GPIOA->MODER &=~(0x3 <<(5 * 2));        //清除模式
GPIOA->MODER |=(0x1 <<(5 * 2));         //设置为通用推挽输出模式

//设置 GPIOA 的第 5 引脚为高电平
GPIOA->ODR |=(1 << 5);
```

1.3.2 define 宏定义

在 STM32 编程中，#define 宏定义用于定义常量、宏函数、寄存器位掩码等。它们在编译时进行替换，可以提高代码的可读性和可维护性。以下是几个常见的用法示例：

（1）定义常量。

```
#define LED_PIN 5
#define LED_PORT GPIOA
#define LED_ON 1
#define LED_OFF 0
```

（2）定义寄存器地址和位掩码。

```
#define GPIOA_BASE 0x40020000
#define GPIOA_MODER(*((volatile uint32_t *)(GPIOA_BASE+0x00)))
#define GPIOA_ODR(*((volatile uint32_t *)(GPIOA_BASE+0x14)))
#define GPIOA_PIN5(1 << 5)
```

（3）定义宏函数。

宏函数允许在代码中插入参数化的代码段。

```
#define SET_BIT(REG, BIT)((REG) |=(BIT))
```

```
#define CLEAR_BIT(REG, BIT)((REG)&=~(BIT))
#define TOGGLE_BIT(REG, BIT)((REG)^=(BIT))
```

(4) 使用宏定义。

```
//使用宏函数来设置 GPIOA 的第 5 位
SET_BIT(GPIOA_ODR, GPIOA_PIN5);

//使用宏函数来清除 GPIOA 的第 5 位
CLEAR_BIT(GPIOA_ODR, GPIOA_PIN5);
```

(5) 代码条件编译。

宏定义也用于条件编译，以支持不同的硬件配置或调试选项。

```
#define DEBUG
#ifdef DEBUG
    printf("Debug mode enabled.\n");
#endif
```

1.3.3 #ifdef 和 #if defined 条件编译

在 STM32 单片机编程中，#ifdef 和#if defined 用于条件编译，允许在编译时包括或排除代码片段。这在配置不同的硬件平台、调试或版本控制时特别有用。它们的使用方式如下：

```
#if defined(DEBUG)&& defined(VERBOSE)
    //这部分代码仅在定义了 DEBUG 和 VERBOSE 宏时编译
    printf("Debug and verbose mode enabled.\n");
#endif
```

(1) 使用 #ifndef。

#ifndef 是#ifdef 的反向操作，用于检查一个宏是否未被定义。如果未被定义，则编译相应的代码段。

```
#ifndef RELEASE
    //这部分代码仅在未定义 RELEASE 宏时编译
    printf("Release mode not defined.\n");
#endif
```

(2) 结合使用#if 和#else。

可以使用#if 来检查更复杂的条件，并使用#else 提供备用代码。

```
#if defined(DEBUG)
    // Debug mode
    printf("Debug mode enabled.\n");
#else
    // Release mode
```

```
    printf("Release mode.\n");
#endif
```

1.3.4 extern 变量申明

在 STM32 单片机中，extern 关键字用于在一个源文件中声明一个在其他文件中定义的全局变量或函数。这使得不同的源文件可以共享相同的全局变量，而无须重新定义。以下是在 STM32 项目中使用 extern 关键字的详细示例：

```
//main.c
#include "main.h"

int globalCounter=0;    //全局变量定义

void incrementCounter(void){
    globalCounter++;
}
```

(1) 声明全局变量。

在一个头文件中(例如 main.h)声明这个全局变量：

```
// main.h
#ifndef MAIN_H
#define MAIN_H
extern int globalCounter;    //全局变量声明
void incrementCounter(void);
#endif // MAIN_H
```

(2) 在其他源文件中使用全局变量。

在其他源文件(例如 utils.c)中包含头文件，并使用全局变量：

```
// utils.c
#include "main.h"
#include <stdio.h>

void printCounter(void){
    printf("Counter value:%d\n", globalCounter);
}
```

(3) 编译和链接。

确保所有相关的源文件都被编译和链接，以便在最终的程序中能正确地找到和使用全局变量。编译器和链接器将会将 main.c 中的 globalCounter 变量和 utils.c 中的引用进行关联。

1.3.5 typedef 类型别名

在 STM32 单片机编程中，typedef 用于创建类型别名，使代码更具可读性和可维护性。通过 typedef，可以简化复杂的类型声明，定义新的数据类型别名，并使代码更加一致和可移植。以下是一些常见的 typedef 用法示例，以及它们在 STM32 项目中的应用。

在 STM32 编程中，typedef 可以用于为基本数据类型创建别名，以使代码更具可读性和移植性。

1.3.6 结构体

很多用户经常提到，对结构体使用不是很熟悉，但是 MDK 中太多地方使用结构体以及结构体指针，这让他们一下子摸不着头脑，学习 STM32 的积极性大大降低，其实结构体并不是那么复杂，这里简要的对结构体的一些知识进行介绍。

声明结构体类型：

```
Struct 结构体名{
成员列表;
}变量名列表;
```

例如：

```
Struct G_TYPE {
uint32_t Pin;
uint32_t Mode;
uint32_t Speed;
}GPIOA, GPIOB;
```

在结构体申明的时候可以定义变量，也可以申明之后定义，方法是：

struct 结构体名字 结构体变量列表；

例如：struct G_TYPE GPIOA，GPIOB；

结构体成员变量的引用方法是："结构体变量名字 . 成员名。"

比如要引用 GPIOA 的成员 Mode，方法是：GPIOA. Mode；

结构体指针变量定义也是一样的，跟其他变量没有区别。

例如：struct G_TYPE * GPIOC；//定义结构体指针变量 GPIOC；

结构体指针成员变量引用方法是通过"->"符号实现，比如要访问 GPIOC 结构体指针指向的结构体的成员变量 Speed，方法是：

GPIOC->Speed;

以上讲解了结构体和结构体指针的一些知识，其他关于初始化的内容这里就不多讲解了。讲到这里，有人会问，结构体到底有什么作用呢？为什么要使用结构体呢？下面将简单地通过一个实例回答一下这个问题。

在单片机程序开发过程中，经常会遇到要初始化一个外设比如 IO 口。它的初始化状态是由几个属性来决定的，比如模式、速度等。对于这种情况，在没有学习结构体的时候，一般的方法是：

```
void HAL_GPIO_Init(uint32_t Pin, uint32_t Mode, uint32_t Speed);
```

这种方式是有效的，同时在一定场合是可取的；但是试想，如果有一天，希望往这个函数里面再传入一个参数，那么势必需要修改这个函数的定义，重新加入上下拉 Pull 这个入口参数。于是定义被修改为：

```
void HAL_GPIO_Init(uint32_t Pin, uint32_t Mode, uint32_t Speed, uint32_t Pull);
```

如果这个函数的入口参数是随着开发不断地增多的，那么是不是就要不断地修改函数的定义呢？这是不是给开发带来很多的麻烦？那又怎样解决这种情况呢？

使用结构体就能解决这个问题了。可以在不改变入口参数的情况下，只改变结构体的成员变量，就可以达到上面改变入口参数的目的。

结构体就是将多个变量组合为一个有机的整体。上面函数中 Pin、Mode、Speed 和 Pull 这些参数，对于 GPIO 而言，是一个有机整体，都是来设置 IO 口参数的，所以可以将它们通过定义一个结构体来组合在一起。MDK 中是这样定义的：

```
typedef struct
{
uint32_t Pin;
uint32_t Mode;
uint32_t Pull;
uint32_t Speed;
} GPIO_InitTypeDef;
```

于是，在初始化 GPIO 口时，入口参数就可以是 GPIO_InitTypeDef 类型的变量或者指针变量了，MDK 中是这样做的：

```
void HAL_GPIO_Init(GPIO_TypeDef * GPIOx, GPIO_InitTypeDef * GPIO_Init);
```

这样，任何时候，只需要修改结构体成员变量，往结构体中间加入新的成员变量，而不需要修改函数定义就可以达到修改入口参数样的目的了。这样的好处是不用修改任何函数定义就可以达到增加变量的目的。

大家理解了结构体在这个例子中的作用了吗？在以后的开发过程中，如果变量定义过多，如果某几个变量是用来描述某一个对象的，可以考虑将这些变量定义在结构体中，这样也许可以提高代码的可读性。

使用结构体组合参数，可以提高代码的可读性，不会觉得变量定义混乱。当然结构体的作用就远远不止这个了，同时，MDK 中用结构体来定义外设也不只是这个作用，这里只是举一个例子，通过最常用的场景，让大家理解结构体的一个作用而已。后面章节还会讲解结构体的一些其他知识。

第 2 章　嵌入式系统基础实验

2.1　GPIO 的应用

GPIO(General-Purpose Input/Output)，其含义为通用 I/O 端口，通用型的输入/输出的简称，功能类似 8051 的 P0~P3，其引脚可以供使用者由程控自由使用。PIN 引脚依现实考量可作为通用输入(GPI)、通用输出(GPO)，或通用输入与输出。

既然一个引脚可以用于输入、输出或其他特殊功能，那么一定有寄存器用来选择这些功能。对于输入，一定可以通过读取某个寄存器来确定引脚电位的高低；对于输出，一定可以通过写入某个寄存器来让这个引脚输出高电位或者低电位；对于其他特殊功能，则由另外的寄存器来控制它们。

在嵌入式系统中，经常需要控制许多结构简单的外部设备或者电路，这些设备有的需要通过 CPU 控制，有的需要 CPU 提供输入信号；并且，多数设备或电路只要求有开/关两种状态就够了，比如 LED 的亮与灭。对这些设备的控制，使用传统的串口或者并口就显得比较复杂，所以，在嵌入式微处理器上通常提供了一种“通用可编程 I/O 端口”，也就是 GPIO。

2.1.1　GPIO 概述

STM32 单片机是 ST Microelectronics 公司推出的一系列基于 ARM Cortex-M 内核的微控制器。它们广泛应用于嵌入式系统中，因其高性能、低功耗和丰富的外设接口而受到青睐。STM32 单片机涵盖多个系列，如 STM32F、STM32L 和 STM32H，提供不同的性能和功耗等级以满足各种应用需求。其核心特点包括高达 256MHz 的处理速度、丰富的 I/O 接口(如 GPIO、USART、SPI、I2C)、灵活的定时器和 ADC/DAC 功能，以及支持实时操作系统(RTOS)。此外，STM32 单片机还支持多种开发工具和库，如 STM32CubeMX 和 HAL 库，简化了开发流程并加速了产品的上市。无论是在工业控制、消费电子还是通信领域，STM32 单片机都提供了强大的功能和灵活的配置选项。

2.1.2　GPIO 功能及相关概念介绍

1. 引脚和端口

以 STM32F103ZET6 为例来讲解单片机 GPIO 的功能，STM32F103ZET6 提供多达 80 个 GPIO 引脚，分布在 16 个端口(PortA 至 PortI)。每个端口都可以配置为多种不同的模式。我们所使用的 32 位单片机，一组完整的 GPIO 端口是由 16 个引脚组成的，端口编号为 0~

15，GPIO 口的访问方式一般是使用 P(端口号)(引脚号)。例如：A 组的第 3 个引脚，我们一般的书写方式为 PA3。其中“A”表示端口 GPIOA，“3”表示 3 号引脚。

单片机的每一个 GPIO 端口都是有多种功能模式的，默认状态下大多数 GPIO 端口是输入/输出功能。当然，也可以通过软件自行配置为其他功能。可以将 GPIO 口配置为输出(推挽输出或者开漏输出)功能、输入(浮空输入、上拉输入或者下拉输入)功能，或者配置为复用功能，并且所有的 GPIO 端口都可以作为外部中断的输入端，具体的内容会在 2.2 节介绍。

2. 功能模式

输入模式：

浮空输入：引脚不连接任何上拉或下拉电阻，适用于高阻抗输入。

上拉输入：引脚连接一个上拉电阻，使其默认状态为高电平。

下拉输入：引脚连接一个下拉电阻，使其默认状态为低电平。

输出模式：

推挽输出：引脚能够输出高电平或低电平，适用于驱动外部电路。

开漏输出：引脚在低电平时能够驱动电流，输出高电平时需要外部上拉电阻，适用于需要外部上拉的场合，如 I2C 总线。

复用模式：

GPIO 引脚可以配置为多种功能，如 UART、SPI、I2C、TIM 等。具体功能由引脚复用配置决定。

模拟模式：

某些 GPIO 引脚可以配置为模拟输入输出，用于 ADC(模数转换器)或 DAC(数模转换器)功能。

3. 配置寄存器

GPIOx_CRL 和 GPIOx_CRH 寄存器：用于配置每个 GPIO 引脚的工作模式(输入、输出、复用、模拟)以及输出类型(推挽或开漏)。

GPIOx_IDR 和 GPIOx_ODR 寄存器：分别用于读取输入引脚的状态和设置输出引脚的状态。

GPIOx_BSRR 和 GPIOx_BRR 寄存器：用于快速设置和复位 GPIO 输出状态。

4. 中断功能

外部中断/事件：特定的 GPIO 引脚可以配置为中断源，支持上升沿、中断沿或双边沿触发。中断配置可以通过 EXTI(外部中断/事件控制器)模块实现。

中断优先级：可以配置中断的优先级，以控制中断处理的优先顺序。

5. 速率设置

输出速度：GPIO 引脚的输出速度可以配置为低速、中速或高速，适应不同的操作需求和电路特性。

6. 电流驱动能力

电流驱动：STM32F103ZET6 的 GPIO 引脚可以提供最大 25mA 的电流(具体数值可能因

引脚配置而异），适用于大多数普通负载的驱动。

7. 开发工具支持

STM32CubeMX：用于图形化配置 GPIO 引脚的功能模式、复用设置、上拉/下拉电阻等。

HAL 库：STM32 HAL 库提供了 API 函数，简化了 GPIO 的配置和操作。

【例 2-1】 ODR 寄存器实现 LED 灯的闪烁。

通过设置 ODR 寄存器来实现 LED 闪烁，使用单步调试方法，查看 ODR 寄存器的值与 LED 指示灯亮灭的对应关系。

第一步：使用 STM32CubeMX 软件生成工程。

（1）打开 STM32CubeMX 软件，新建工程，在“BoardSelector”菜单中选择“NUCLEO-F411RE”开发板，按照开发板默认配置初始化外设，生成工程，此时该工程已经默认将 LD2 的管脚配置成推挽输出，并已配置好时钟和串口。

（2）在“Project Manager”菜单中，命名工程为“LEDTogglePin”，选取工程路径（注意不可包含中文及空格），在“Toolchain/DE”选项中选取开发工具为“MDK-ARM”，选取已安装的固件包版本，点击“GENERATECODE”选项，产生工程代码。

第二步：编写应用程序。

（1）打开生成的 MDK-KEIL 工程文件，在“main. c”文件的 while 循环中，编写应用程序代码，如图 2-1 所示。

```
36
37    while (1)
38    {
39        GPIOB->ODR|=1<<5;
40        delay_ms(200);
41        GPIOB->ODR&=~(1<<5);
42        delay_ms(200);
43
44    }
```

图 2-1 使用 ODR 寄存器控制 LED

程序说明：

第 39 行采用按位或操作，设置 bit5 为 1，PB5 输出高电平，LED 指示灯亮。使用位操作可以单独对指定的位进行置 1 或清零操作。移位操作提高代码的可读性和可移植性@ 第 41 行采用按位与操作，设置 bit5 为 0，PB5 输出高电平，LED 指示灯灭。

（2）编译程序下载到开发板。读者可以观察到 LED 的闪烁情况，还可通过更改 delay_ms 延时函数的参数来改变 LED 的闪烁频率，其中，delay_ms 函数为工程师编写的毫秒延时函数。

第三步：调试程序。

（1）点击调试按钮进入调试模式（DEBUG—Use Simulator—OK），如图 2-2 所示。

（2）在 39~42 行双击设置断点。

（3）点击（Star/Stop Debug Session—stepover）单步运行程序至 39 行，如图 2-2 所示。

（4）将 GPIOB-ODR 寄存器加入观察窗口，以便观察序运行过程中 ODR 寄存器值的改变。

（5）继续点击“stepover”单步运行，当程序运行到 40 行（已执行 39 行 ODR 寄存器按位或操作）时，观察 ODR 寄存器的值为 0x00000020。0x20 的二进制数 00100000，即 bit5 为 1，PB5 输出高电平，表现为 LED 指示灯亮。

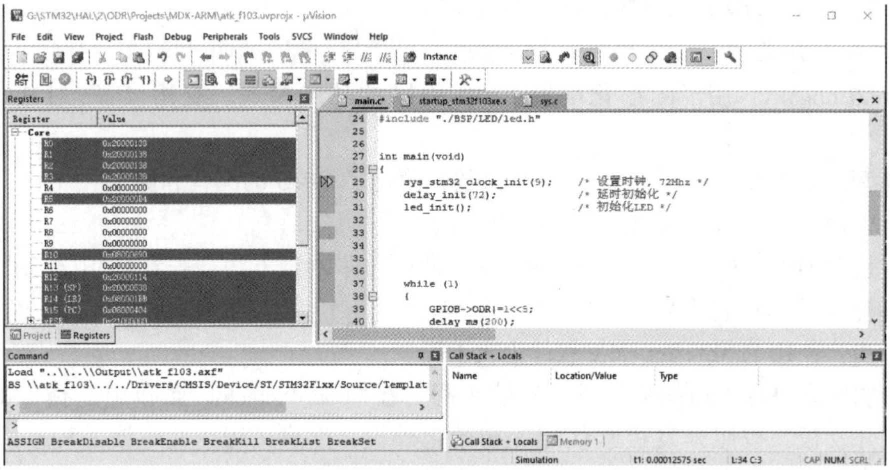

图 2-2　单步运行调试图

当程序运行到 42 行(已执行 41 行 ODR 寄存器按位或操作)时，观察 ODR 寄存器的值为 0x0000000。即清零 ODR 寄存器，设置 bit5 为 0，PA5 输出低电平 LED 指示灯灭。

第四步：若注释掉寄存器相关程序，使用 HAL 库函数可直接实现 LED 的闪烁，单步调试程序，观察过程中 ODR 寄存器值的变化，可发现每执行一次“HAL_GPIO_TogglePin”函数，ODR 寄存器的值改变一次，可以看出 HAL_GPIO_TogglePin 本质上也是改变 ODR 寄存器值。

读者可以同时观察开发板 LED 指示灯的亮灭情况，当 ODR 寄存器值为 0x00000020 时，LED 指示灯亮；当 ODR 寄存器值为 0x00000000 时，LED 指示灯灭。结合第三步调试过程，可以得出结论，硬件抽象层函数“HAL_GPIO_TogglePin”实质上就是通过改变 ODR 寄存器的值实现管脚电平的翻转。读者也可以直接定位到“HAL_GPIO_TogglePin”函数的原型，查看具体实现过程。

通过意法半导体公司提供的硬件抽象层函数实现了对寄存器操作的封装，读者不需要了解相关寄存器，直接使用 HAL 库函数就可以实现相同的效果，增强了代码的可读性，也方便了在使用不同单片机型号时，代码的复用和移植。

【例 2-2】 BSRR 寄存器实现 LED 灯的闪烁。

打开例 2-1 工程，修改源代码，不使用 ODR 寄存器，通过设置 BSRR 寄存器来实现 LED 指示灯闪烁，并使用单步调试方法，查看 BSRR 寄存器和 ODR 寄存器的值与 LED 指示灯亮灭的对应关系，体会两种寄存器设置的差异。

```
33      while (1)
34      {
35  //          GPIOB->ODR|=1<<5;
36  //          delay_ms(200);
37  //          GPIOB->ODR&=~(1<<5);
38  //          delay_ms(200);
39  //
40
41          GPIOB->BSRR=0x00000020;
42          delay_ms(200);
43          GPIOB->BSRR=0x00000000;
44          delay_ms(200);
45      }
```

图 2-3　使用 BSRR 寄存器实现 LED 灯的闪烁

打开例 2-1 的 KEIL 工程文件，注释掉 while 循环中已有的代码，重新编写本实验代码。主要程序如图 2-3 所示。

程序说明：

(1) 第 41 行表示设置 BSRR 寄存器 bit5 为 1，

PA5 输出高电平，LED 指示灯亮。

（2）第 43 行表示设置 BSRR 寄存器 bit21 为 1，PA5 输出低电平，LED 指示灯灭编译完成后，将程序下载到开发板，可以观察到 LED 的闪烁情况。

（3）参考例 2-1 第四步进行调试，在 41～44 行设置断点，单步运行程序并观察 BSRR 寄存器以及 ODR 寄存器值的改变情况。当程序运行到第 42 行（已执行 1 行 BSRR 赋值操作）时观察 BSRR 寄存器的值为 0x0000000，ODR 寄存器的值为 0x0000020，即通过 BSRR 寄存器设置 ODR 寄存器 bit5 为 1，PB5 输出高电平，LED 指示灯亮。

（4）当程序运行到第 44 行（已执行 43 行 BSRR 赋值操作）时，观察 BSRR 寄存器的值为 0x0000000，ODR 寄存器的值为 0x0000000，即通过 BSRR 寄存器设置 ODR 寄存器 bit5 为 0，PB5 输出低电平，LED 指示灯灭。

【例 2-3】 HAL 库函数实现 LED 灯闪烁。

使用 STM32CubeMX 生成的工程中，包含了大量的代码。经过学习如何利用 STM32CubeMX 新建工程和 GPIO 的相关基础内容，读者应当能够读懂其中 GPIO 相关的部分。找到 MX_GPIO_Init 函数，函数的命名非常规范，MX 表示由 STM32CubeMX 生成，GPIO 代表操作引脚，Init 表示初始化。从函数的名称可得到的信息：这是 STM32CubeMX 生成的用于引脚初始化的函数。以下为初始化程序：

```
Void MX_GPIO_Init(void)
{
GPIO_InitTypeDef GPIO_InitStruct={0};

/* GPIO Ports Clock Enable */
__HAL_RCC_GPIOC_CLK_ENABLE();
__HAL_RCC_GPIOD_CLK_ENABLE();
__HAL_RCC_GPIOA_CLK_ENABLE();

/* Configure GPIO pin Output Level */
HAL_GPIO_Write_Pin(led1_GPIO_Port, led1_Pin, GPIO_PIN_RESET);

/*Configure GPIO Output Level*/
GPIO_InitStruct.Pin=led1_Pin;
GPIO_InitStruct.Mode=GPIO_MODE_OUTPUT_PP;
GPIO_InitStruct.Pull=GPIO_NOPULL;
GPIO_InitStruct.Speed=GPIO_SPEED_FREQ_LOW;
HAL_GPIO_Init(led1_GPIO_Port, &GPIO_InitStruct);

}
```

此函数中主要用到的 GPIO 端口是 led1_GPIO_Port，引脚号是 led1_Pin。该端口和引脚名为重定义后的名字，可根据 STM32CubeMX 中 User_Label 选项进行修改，方便参数的修改。主要程序呈现在 H 头文件中，参考程序如下：

```
#define led1_Pin_GPIO_PIN_1
#define led1_GPIO_Port_GPIOA
```

此处主要是用到了宏定义的相关知识，将 GPIO_PIN_1 宏定义为 led1_Pin；将 GPIOA 宏定义为 led1_GPIO_Port。

可以看出此函数使用了 GPIOA，然后让 PA1 输出低电平，让 PA1 输出高电平，最后通过结构体传递参数，调用 HAL_GPIO_Init 函数设置 PA1 为低速的推挽输出。

HAL_GPIO_Init 函数是 HAL 库提供的一个函数，专门用于 GPIO 初始化。它的功能从名称上就可以看出。官方提供了文档 Description of STM32F1 HAL and Low-layer Drivers，说明函数的用法，如表 2-1、表 2-2 所示。在 MDK-ARM 中找到函数，跳转，可以看到代码，其实也是操作底层寄存器。

表 2-1 HAL_GPIO_Init 函数说明

函数名称	void HAL_GPIO_Init(GPIO_TypeDef * GPIOx , GPIO_InitTypeDef * GPIO_Init)
函数描述	根据 GPIO_Init 结构体中给定的参数来初始化 GPIOx 的外设
参数	GPIOx：x(A~G，根据使用的设备)用于选择 GPIO 外设 GPIO_Init：指向 GPIO_InitTypeDef 结构体的指针，包含给定 GPIO 外设的配置信息
返回值	无

表 2-2 HAL_GPIO_WritePin 函数说明

函数名称	void HAL_GPIO_WritePin(GPIO_TypeDef * GPIOx , uint16_t GPIO_Pin, GPIO_PinState PinState)
函数描述	将被选中的端口位设置为一或清零
参数	GPIOx：x(A~G，根据使用的设备)用于选择 GPIO 外设 GPIO_Pin：列举要被改写的端口位，这个参数可以是 GPIO_PIN_x，x 可以是 0~15 PinState：列举写入选中位的值，这个参数可以是 GPIO_PinState 枚举类型值中的一个 -GPIO_PIN_RESET：端口引脚清零 -GPIO_PIN_SET：端口引脚置一
返回值	无
注意	这个函数使用 GPIOx_BSRR 寄存器来允许原子读写权限。这么做在读取和修改访问时没有中断发生的风险

流水灯的业务代码的编写：

由于 STM32CubeMX 的设置，读者不用过度关心初始化，只需要编写业务代码。它能初始化引脚，但不能写流水灯。HAL 库也提供了一个毫秒级延时的函数 HAL_Delay()，能够比较准确地控制延时的时间。

修改流水灯代码如下：

```
while(1)
{
```

```
HAL_GPIO_WritePin(GPIOB, GPIO_PIN_5, GPIO_PIN_SET);
HAL_GPIO_WritePin(GPIOE, GPIO_PIN_5, GPIO_PIN_RESET);
HAL_Delay(500);
HAL_GPIO_WritePin(GPIOB, GPIO_PIN_5, GPIO_PIN_RESET);
HAL_GPIO_WritePin(GPIOE, GPIO_PIN_5, GPIO_PIN_SET);
HAL_Delay(500);
}
```

该段代码主要使用了 HAL_GPIO_WritePin( ) 和 HAL_Delay( ) 函数。运行代码，观察流水灯现象。

除上述表示方法，HAL 库还提供了翻转电平的函数 HAL_GPIO_TogglePin( )，其说明如表 2-3 所示。

表 2-3 HAL_GPIO_TogglePin( ) 函数说明

函数名称	voidHAL_GPIO_TogglePin(GPIO_TypeDef * GPIOx, uint16_tGPIO_Pin)
函数描述	将被选中的端口位电平翻转
参数	GPIOx：x(A~G，根据使用的设备)用于选择 GPIO 外设 GPIO_Pin：列举要被改写的端口位，这个参数可以是 GPIO_PIN_x，x 可以是 0~15
返回值	无

修改上方代码后，还可实现相同的流水灯的操作。

```
while(1)
{
HAL_GPIO_TogglePin(GPIOB, GPIO_PIN_5);
HAL_GPIO_TogglePin(GPIOE, GPIO_PIN_5);
HAL_Delay(500);
}
```

程序说明：

while 循环中，主要用到的是 HAL_GPIO_TogglePin( ) 函数实现 PB5、PE5 引脚的电平翻转并延时 500ms，然后再次执行 while 循环。

【例 2-4】 按键控制开关灯亮灭。

1. 按键的原理

单片机开发板上有轻触按键，可作为输入信号源。按键 KEY1 接单片机的 PA1 引脚，KEY2 接 PA2，KEY3 接 PA3。按键一个脚接地，根据 GPIO 的输入模式选择，对应单片机引脚要设置为上拉输入。在按键没有按下时，引脚检测到高电平；当按键按下去后，引脚检测到低电平。

轻触按键在按下或者松开的瞬间，金属片处于即将接触或者即将分离的临界状态下，会产生多次的电平瞬间快速变化，这种变化的电平是一种干扰信号，也称为抖动，如图 2-4 所示。

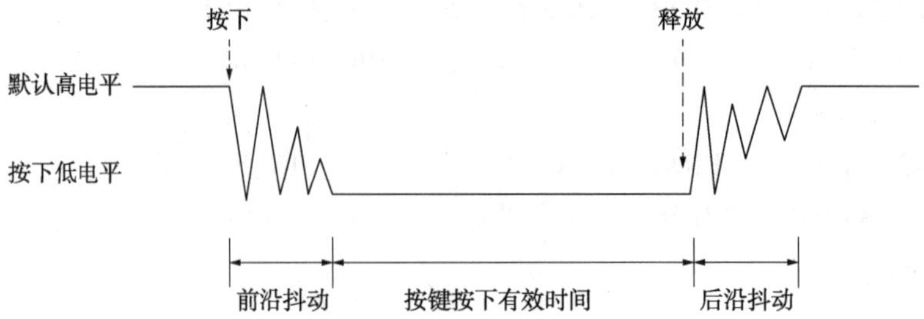

图 2-4　按键消抖原理图

按键抖动的发生会导致控制器识别为多次按键。为了确保只做一次按键处理，需要对按键抖动进行消除。一般有硬件和软件两种消抖方式。可以设计 RC 滤波电路，滤除按键在开关瞬间产生的抖动，此为硬件消抖。若节省硬件成本，可以使用单片机程序滤波。程序滤波又称软件消抖，其基本原理：单片机检测到低电平后，通过延时的方式，待抖动完毕后，再检测一次，如果检测到还是低电平，则确定是按键按下。

2. 读取端口按键输入数据

引脚的输出数据储存在 GPIOX_ODR 寄存器中，引脚的输入数据放在 GPIOX_IDR 寄存器中，GPIOx_IDR 寄存器的说明信息可在中文参考手册查找。引脚输入电平的检测可以调用库函数 HAL_GPIO_ReadPin()，其说明如表 2-4 所示。

表 2-4　HAL_GPIO_ReadPin()函数解析

函数名称	voidHAL_GPIO_ReadPin(GPIO_TypeDef * GPIOx，uint16_tGPIO_Pin)
函数描述	读取指定的输入端口引脚
参数	GPIOx：x(A~G，根据使用的设备)用于选择 GPIO 外设 GPIO_Pin：列举要被改写的端口位，这个参数可以是 GPIO_PIN_x，x 可以是 0~15
返回值	输出端口引脚的值

实施步骤：

(1) 使用 STM32CubeMX 配置输入引脚初始化。

打开 STM32CubeMX，在 PioutView 界面中，找到 PA1、PA2、PA3，将其设置为输入引脚(GPIO_Input)，如图 2-5 所示。

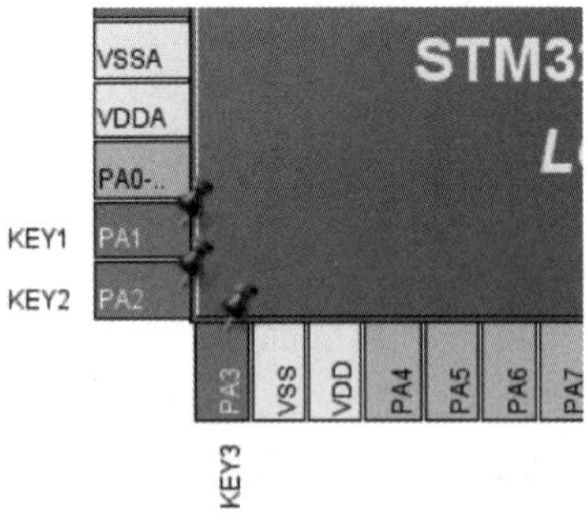

图 2-5　设置为输入引脚操作示意图

同时在引脚配置中，将相关引脚设置为上拉输入，在 UserLabel 下给引脚取别名，如图 2-6 所示。

① 在 Pinout & Configuration 页面下选择 System Core。

② 选择 GPIO 选项，界面右边会显示相应的 GPIO Mode and Configuration 区域。

③ 选中 PA1，在其 GPIO Pull-up/Pull-down(GPIO 上拉/下拉)下拉菜单中，选择 Pull-up(上拉)。在 User Label 中为引脚设置别名，如 KEY1 等。

④ 设置完成后，GPIO Mode and Configuration 区域中引脚的属性发生改变。同理完成 PA2 与 PA3 的引脚设置。

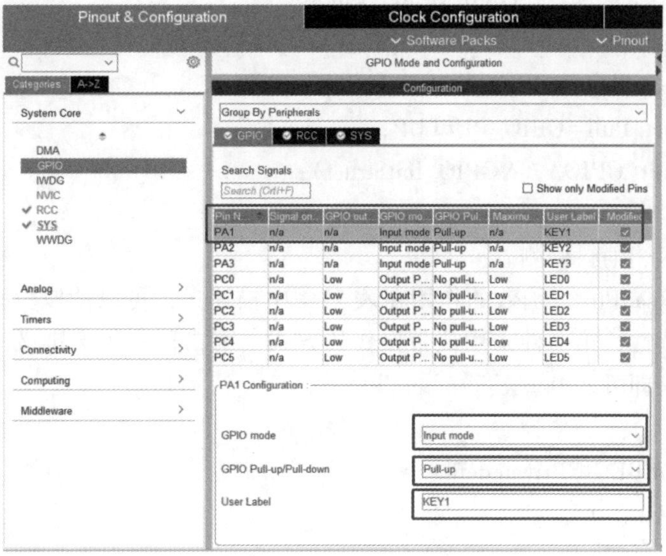

图 2-6　CubeMX 软件的 GPIO 配置

CubeMX 配置好的引脚输入初始化代码如下(已省略部分无关代码)：

```
voidMX_GPIO_Init(void)
{
GPIO_InitTypeDefGPIO_InitStruct = {0};

/ * GPIOPortsClockEnable * /
__HAL_RCC_GPIOD_CLK_ENABLE();
__HAL_RCC_GPIOC_CLK_ENABLE();
__HAL_RCC_GPIOA_CLK_ENABLE();

/ * ConfigureGPIOpinOutputLevel * /
HAL_GPIO_WritePin(GPIOC, LED0_Pin | LED1_Pin | LED2_Pin | LED3_Pin | LED4_
Pin | LED5_Pin, GPIO_PIN_RESET);

/ * ConfigureGPIOpins: PCPinPCPinPCPinPCPin
PCPinPCPin * /
GPIO_InitStruct. Pin = LED0_Pin | LED1_Pin | LED2_Pin | LED3_Pin
| LED4_Pin | LED5_Pin;
GPIO_InitStruct. Mode = GPIO_MODE_OUTPUT_PP;
GPIO_InitStruct. Pull = GPIO_NOPULL;
GPIO_InitStruct. Speed = GPIO_SPEED_FREQ_LOW;
```

```
HAL_GPIO_Init(GPIOC, &GPIO_InitStruct);

/ * ConfigureGPIOpins: PAPinPAPinPAPin * /
GPIO_InitStruct. Pin=KEY1_Pin | KEY2_Pin | KEY3_Pin;
GPIO_InitStruct. Mode=GPIO_MODE_INPUT;
GPIO_InitStruct. Pull=GPIO_PULLUP;
HAL_GPIO_Init(GPIOA, &GPIO_InitStruct);
}
```

(2) 按键输入、消抖检测。

HAL_GPIO_ReadPin()函数的作用在表 2-4 中描述过，可以读取引脚输入的数据。为了提高程序的可读性，第一种采用位带操作的方式，第二种采用宏定义的方式，二者效果是一样的，二选一即可。

第一种方式：

```
/ * USERCODEBEGINPrivatedefines * /
defineKEY1PAin(1)
defineKEY2PAin(2)
defineKEY3PAin(3)
/ * USERCODEENDPrivatedefines * /
```

第二种方式：

```
/ * USERCODEBEGINPrivatedefines * /defineKEY1PBin(7)
defineKEY1HAL_GPIO_ReadPin(KEY1_GPIO_Port, KEY1_Pin)
defineKEY2HAL_GPIO_ReadPin(KEY2_GPIO_Port, KEY2_Pin)
defineKEY3HAL_GPIO_ReadPin(KEY3_GPIO_Port, KEY3_Pin)
/ * USERCODEENDPrivatedefines * /
```

在主函数的死循环中，编写代码来获取引脚的电平状态，并且用 LED 作为状态指示。如果 KEY1 是低电平，说明按键 1 按下，那么延时 15ms，再次判断，如果 KEY1 还是低电平，则让红灯状态翻转。

```
while(1)
{
if(KEY1==0)
{
HAL_Delay(15);
if(KEY1==0)
LED=! LED;
}
}
```

(3) 按键扫描函数。

上述使用的松手检测方式均为阻塞式，在按键按下的过程中，单片机无法执行其他操作(有中断发生除外)。单片机是单线程的，程序阻塞，就像单车道的公路堵车一样，单片机会陷入无响应的状态。

下面编写一个按键扫描函数，能够进行松手检测，使程序不再卡死在按键按下的过程中。调用函数时，如果某个按键按下，则返回对应的按键值，没有按下任何按键则返回 0。定义 3 个返回值与按键的按下及默认状态电平如下。

```
uint8_t key_scan(uint8_tmode)
{
static uint8_t key_up=1;
uint8_t keyval=0;
if(mode)key_up=1;
    if(key_up&&(KEY1==0 || KEY2==0 || KEY3==1))
    {
    HAL_Delay(10);
    key_up=0;
    if(KEY1==0)keyval=KEY1_PRES;
    if(KEY2==0)keyval=KEY2_PRES;
    if(KEY3==0)keyval=KEY3_PRES;
}
elseif(KEY1==1&&KEY2==1&&KEY3==1)
{
    key_up=1;
}
    returnkeyval;
}
```

程序说明：

① key_up 的定义有 static 修饰，表示该变量定义为静态变量。所有函数内部申请的变量都是局部变量函数执行完毕以后，局部变量的空间释放，存储的内容丢失。而静态变量可以让函数执行完毕以后，仍然保留局部变量存储的内容。

② 此函数必须在死循环内被反复调用。初次调用此函数，key_up 初始化为 1。假如有任意按键按下，判断语句为延时 10ms 后 key_up 为 0，根据被按下的按键返回相应的值。当下一回调用此函数时，假设没有松手，由于 key_up 为 0，第 6 行的判断语句为假，函数返回 0。只要 key_up 是 0，函数就始终返回 0。直到松开手以后，3 个按键都为高电平，第 14 行的判断语句成立，才可以 key_up 置 1，回到初始状态。即在某按键按下 10ms 后，返回对应的键值。如果没有按键按下，或者有按键按下但是没有松手，都返回 0。它的执行逻辑如图 2-7 所示。

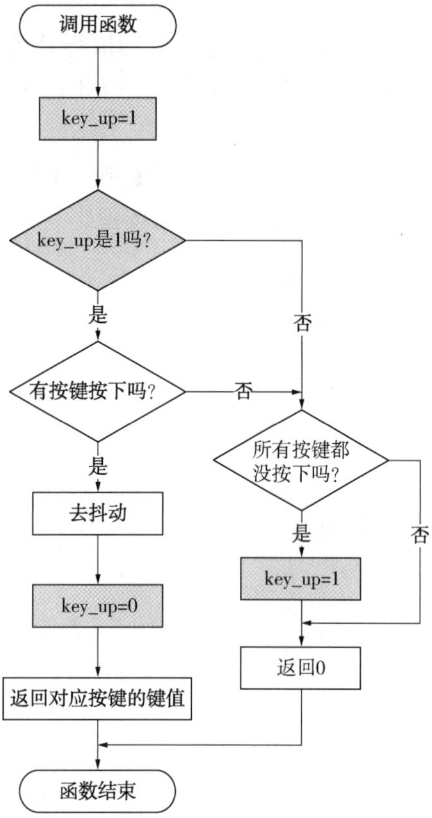

图 2-7　按键扫描流程图

此函数可放在 gpio. c、key. c 或 main. c 等 c 文件中，也可单独定义 c 文件实现按键扫描。

(4) 三个按键控制 LED 程序。

在主函数的 while 死循环中添加按键控制 LED 程序。

```
while(1)
{
switch(KeyScan())
{
caseKEY1 _ PRES: LED _ RED =! LED1; break;
caseKEY2_PRES: LED_YEL=! LED2; break;
caseKEY3 _ PRES: LED _ GRE =! LED3; break;
default: break;
}
}
```

程序说明：

一般通过按键控制 LED 的程序有两种常见方式，一种选择 if 语句，另一种选择 switch 语句。上述程序选择 switch 语句进行控制，case 后的参数要与按键扫描函数的返回值进行对比，若相同则执行后边相应的语句。

2. 2　外部中断的应用

2. 2. 1　中断概述

中断是指 CPU 在正常运行程序的时候，由内部或者外部事件引起的 CPU 暂时中止执行现行程序，转而去执行请求 CPU 为其服务的那个外设或时间的服务程序，等到该程序执行完毕之后再返回被中止的程序的过程，通过嵌套向量中断控制器(NVIC)，来对中断源发生中断后 CPU 优先处理谁进行排序。

引起中断的原因称为中断源，中断的执行过程又分为中断请求、中断优先级(当有多个中断同时发生时，先执行谁就是根据这个优先级进行判断的)、响应、中断处理以及中断返回这几步。那么为什么要使用中断呢?

主要是因为操作系统开展管理工作，需要特权指令，运行在核心态，而中断使 CPU 从用户态切换为核心态，使操作系统获得计算机的控制权。而中断是用户态到核心态转换的唯一途径。有了中断才能实现多道程序的并发，提高运行效率。

2.2.2 中断的相关概念

中断(interrupt)是 STM32 单片机的核心机制。单片机是单线程的，如果没有中断，只能按顺序处理事件。中断的关键概念如下。

中断：单片机执行主程序时，由于某个事件，暂停主程序的执行，调用相应的程序处理该事件，处理完毕再自动继续执行主程序的过程

中断的嵌套：执行一个中断时又被另一个事件打断，暂停该中断处理过程转去处理更重要的事件，处理完毕之后再继续处理本中断的过程。

中断的优先级：不同事件的重要程度。

中断源：可以引起中断的事件。

中断服务程序：为了处理中断而编写的程序。

中断请求：中断源对主程序或中断服务程序提出的中断要求。

中断响应：主程序或中断服务程序接受中断请求，去执行中断服务程序。

中断返回：中断服务程序执行完毕后回到主程序或者次一级别中断服务程序。

中断系统：实现中断处理功能的软、硬件系统。

2.2.3 外部中断

1. 外部中断概述

外部中断与内部中断(例如定时器产生中断、串口接收中断等)的不同：外部中断由外部条件触发，比如按键触发。STM32 的每个 I/O 都可以作为外部中断输入。STM32 的外部中断控制器(EXTI)支持 19 个外部中断/事件请求。线 0~15 对应外部 I/O 口的输入中断。线 16 连接到 PVD 输出，线 17 连接到 RTC 闹钟事件，线 18 连接到 USB 唤醒事件。虽然外部中断有 19 个，但是真正意义上的外部中断只有 16 个，另外 3 个是在芯片内部，归属于外部中断 EXTI 模块。

每个输入线都可以独立地配置输入类型(脉冲或挂起)和对应的触发事件(上升沿、下降沿或者双边沿都触发)。每个输入线都可以独立地被屏蔽。挂起寄存器保持着状态线的中断请求。

从上面可以看出，STM32 供 GPIO 口使用的中断线只有 16 个(STM32F1 芯片引脚每组的端口编号都为 0~15)，但是 STM32F10x 系列的 I/O 口多达上百个引脚[STM32F103ZET6(112)]，那么中断线怎么跟 GPIO 口对应呢？从图 2-8 中可以看到：线 0~15 都是对应外部 I/O 口的输入中断，而一组 I/O 有 16 个，那么每组的 0 号 I/O 口映射到线 0，每组的 1 号 I/O 口映射到线 1，以此类推，但是在同一时刻只能有一个端口映射在外部中断线 0 上。

具体的外部中断框图如图 2-9 所示，通过配置上升沿/下降沿触发选择寄存器选择边沿检测电路所要检测的边沿跳变。这里的边沿信号可以设置为上升沿触发，也可以设置为下降沿触发，还可以设置为双边沿触发，也就是上升、下降沿触发。边沿检测电路检测输入线是否有相应的边沿跳变，若检测到，则输出信号 1，否则输出信号 0。

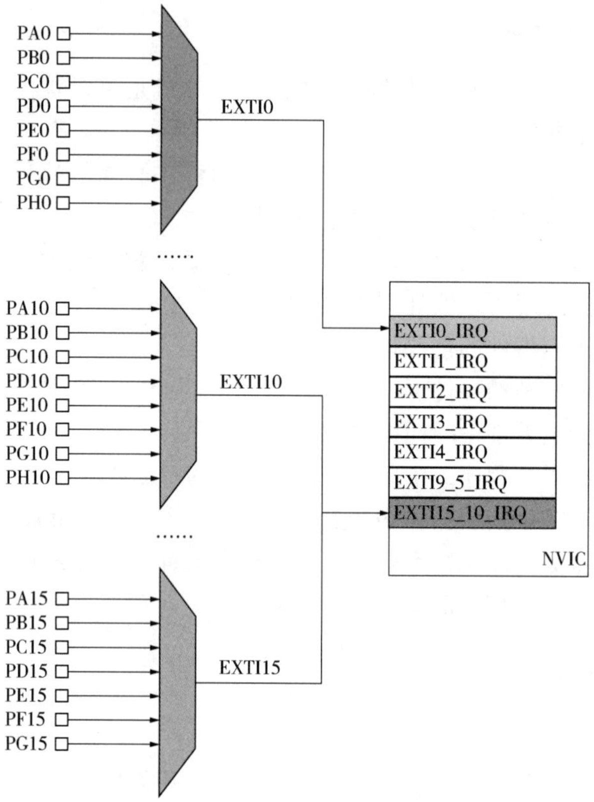

图 2-8　外部中断控制器结构

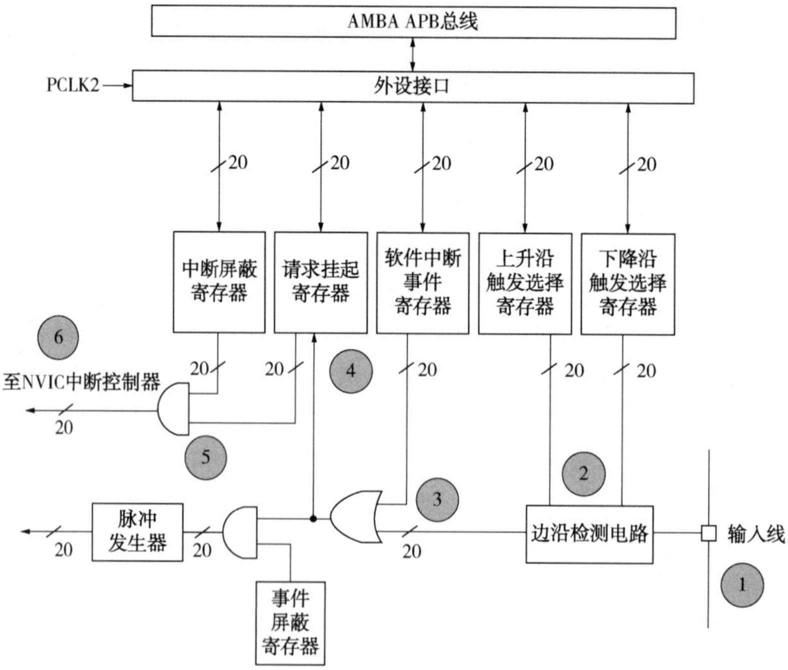

图 2-9　外部中断框图

接下来信号通过一个或门，或门以边沿检测电路、软件中断事件寄存器(中断事件可以通过软件产生)作为输入。两者之中有一个产生信号 1，或门就输出信号 1。或门输出的信号 1 发至请求挂起寄存器。请求挂起寄存器对应寄存器的位置 1，然后请求挂起寄存器会产生一个信号 1(这里的挂起寄存器就是中断标志位，一旦发生中断事件，则这个挂起寄存器对应的位就会置 1)。

请求挂起寄存器、中断屏蔽寄存器同时输出信号 1，则发出信号 1 到 NVIC 中断控制器。最后由 NVIC 控制器对此中断源的优先级进行查询排序。

2. 外部中断优先级

在 2.2.2 小节我们对中断优先级概念有一定的了解，中断优先级分为人为优先级以及自然优级，人为优先级又分为抢占优先级和响应优先级；此外，设置优先级之前需先设置优先级分组，且一个工程中只允许有一个中断优先级分组。Cortex_M 内核提供了 8 个位来设置优先级分组情况，如表 2-5 所示。我们使用的芯片 STM32 的内核是 Cortex_M3，该内核属于 Cortex_M 的一种，Cortex_M3 允许具有较少中断源时使用较少的寄存器位指定的优先级(也就是说 Cortex_M3 内核的中断源少所以相应分配的优先级个数不会太多)，因此 STM32 的中断优先级的寄存器从 8 位减少到 4 位(ARCR 寄存器的高 4 位)。

表 2-5 STM32_M 中断优先级分组

优先级分组	中断优先级分组说明	抢占优先级等级范围	响应优先级等级范围	优先级编码
第 0 组	所有 4 位用于指定响应优先级	—	0~15	0x07
第 1 组	最高 1 位用于指定抢占优先级，最低 3 位用于指定响应优先级	0~1	0~7	0x06
第 2 组	最高 2 位用于指定抢占优先级，最低 2 位用于指定响应优先级	0~3	0~3	0x05
第 3 组	最高 3 位用于指定抢占优先级，最低 1 位用于指定响应优先级	0~7	0~1	0x04
第 4 组	所有 4 位用于抢占响应优先级	0~15	—	0x03

3. 中断回调函数和弱函数

在 HAL 库中处理中断时，广泛地使用了回调函数。回调函数是一种特殊的函数，并非用户主动调用，而是当满足特定的条件以后，由底层的函数来调用。如图 2-10 所示，用户编写的代码位于上层，HAL 库代码接近硬件，位于底层。用户调用 HAL 库函数，称为直调。目前遇到的所有 HAL 库函数，都是直调函数。直调函数由用户编写代码决定何时调用。当发生特定的事件以后，HAL 库调用用户编写的函数，回调上层编写的专门被底层调用的函数，就是回调函数。

HAL 库中的回调函数有个显著的特点，即以 Callback 结尾。Callback 的中文含义是回拨电话。

在 HAL 库中使用回调函数，还有一个问题需要解决，下面结合图 2-10 来说明。HAL.c 文件是 HAL 库的文件，不允许用户修改。HAL 库函数 HAL_func()要调用回调函数 Callback()，HAL_func()又不能修改，所以 Callback()必须由 HAL 库定义。用户要在自定义的文件 APP.c 里，根据自身业务逻辑重写 Callback()，比如在 Callback()函数内点亮

LED 灯。用户重写的 Callback( ) 还要被 HAL_func( ) 调用，所以 2 个 Callback( ) 函数同名，但是 C 语言中不允许出现同名函数。

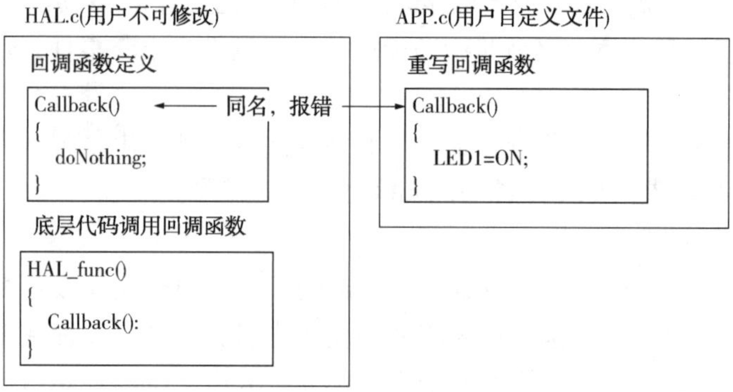

图 2-10　回调函数与弱函数

为了解决这个问题，HAL 库使用了一种“弱函数”的机制。弱函数用_weak 标记，它可以被用户定义的同名函数覆盖，如果编译器检测到有与弱函数同名的函数，则不编译弱函数。因此，HAL 库将自身生成的回调函数定义为弱函数，它可以什么功能都没有，只是为了“占个名字”，保证 HAL_func( ) 正常编译。用户可以在自定义的文件 APP. c 中重新编此回调函数，去掉_weak 标记，按照业务逻辑编写代码，而不用考虑回调函数同名的问题，因为编译器已经不会再编译弱函数了，如图 2-11 所示。

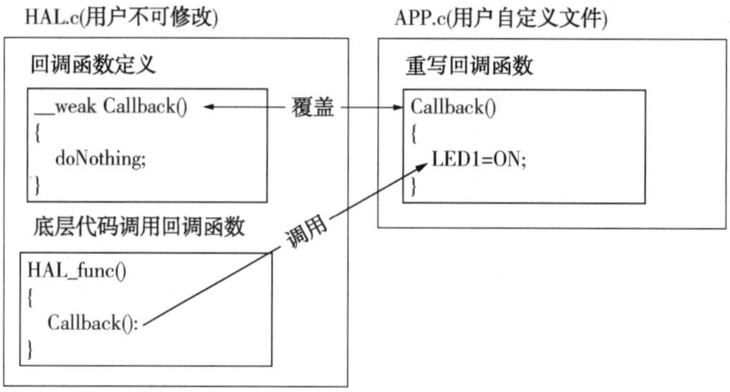

图 2-11　引入弱函数解决相同命名问题

2. 2. 4 项目案例

【例 2-5】 外部中断获取按键输入。

1. 使用 STM32CubeMX 配置外部中断

配置引脚：打开 STM32CubeMX，将按键 1 对应的引脚 PB5 设置为外部中断(GPIO_EXTIx)，如图 2-12 所示。

然后配置 PB5 引脚。此处使用的按键有外接上拉电阻，在不再设置上拉输入状况下，引脚是高电平，当按键按下，引脚从高电平变为低电平，会产生下降过程，如图 2-13 所示。

(1) 在 Pinout & Configuration 页面下选择 System Core。

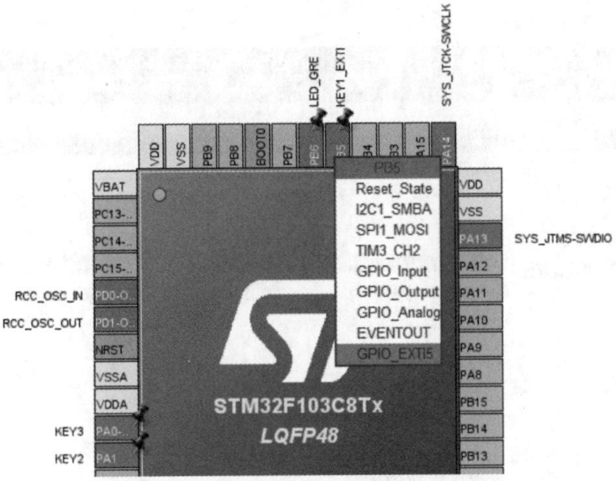

图 2-12　配置为外部中断操作示意图

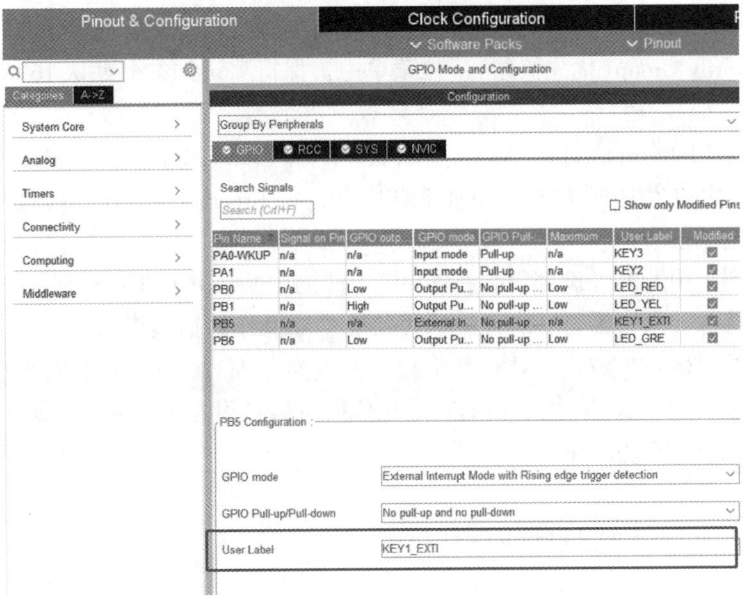

图 2-13　引脚配置界面

（2）选择 GPIO 选项，界面右边会显示相应的 GPIO Mode and Configuration。

（3）选中 PB5，在其 GPIO mode 下拉菜单中，选择 External Interrupt Mode with Rising edge trigger detection（带有下降边沿触发检测的外部中断模式）；在其 GPIO Pull-up/Pull-down 下拉菜单中选择 No pull-up and no pull-down（无上拉和下拉）；在 User Label 中设为 KEY 1_EXTI。

配置中断优先级：在 STM32CubeMX 中，需要单独配置每个中断的优先级并使能。所有的中断都只有使能之后，才能工作，如图 2-14 所示。

（1）在 Pinout & Configuration 页面下选择 System Core。

（2）选择 NVIC 选项，界面右边会显示相应的 NVIC Mode and Configuration（NVIC 模式

配置)。

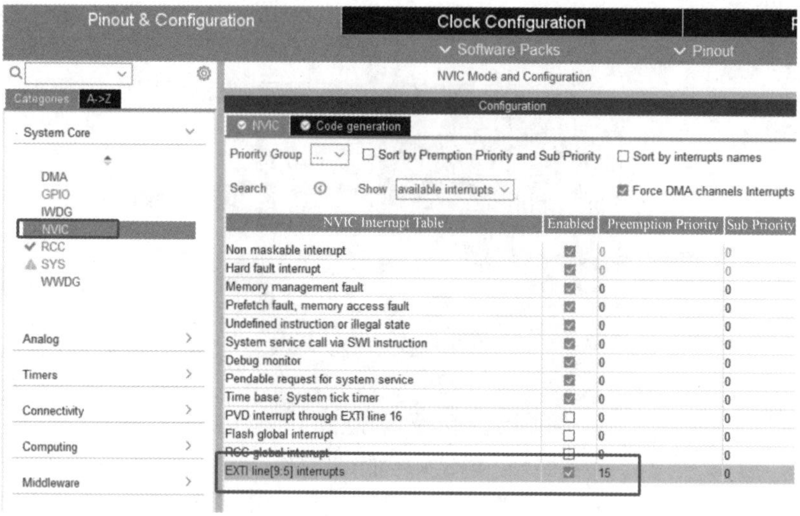

图 2-14　NVIC 设置界面

(3) 在 Priority Group(优先级组)下拉菜单中，保持默认，本书默认 16 级抢占优先，无子优先级。

(4) 在 NVIC Interrupt Table(NVIC 中断表)中勾选 EXTI line[9 : 5]interrupts(外中断线 5~9这几根线共用一个中断服务程序)使能此中断，将 Preemption Priority(抢占优先级)设置为 15。

每一个用到了中断的外设都需要在 NVIC 中使能中断，并赋予优先级。本书中的项目对中断优先级无特殊要求，为行文方便，后续使能中断操作的描述将简化。

查看生成的代码：生成代码并打开工程后，观察 STM32CubeMX 生成的 GPIO 初始化函数，发现增加了引脚和 NVIC 控制器的初始化代码，以及设置了中断优先级。

```
staticvoidMX_GPIO_Init(void)
{
GPIO_InitTypeDefGPIO_InitStruct={0};

/*ConfigureGPIOpin：K1_EXTI_Pin*/
GPIO_InitStruct.Pin=K1_EXTI_Pin;
GPIO_InitStruct.Mode=GPIO_MODE_IT_FALLING;
GPIO_InitStruct.Pull=GPIO_NOPULL;
HAL_GPIO_Init(K1_EXTI_GPIO_Port，&GPIO_InitStruct);

/*EXTIinterruptinit*/
HAL_NVIC_SetPriority(EXTI9_5_IRQn，15，0);
HAL_NVIC_EnableIRQ(EXTI9_5_IRQn);
}
```

2. 编写外部中断服务函数

此函数主要用于调用外部中断服务函数，名为 HAL_GPIO_EXTI_Callback，它的参数是中断的引脚号。外部中断服务函数的业务处理逻辑与按键扫描一样，当检测到按键时，LED 状态变化。在 EXTI. c 文件中，编写外部中断服务函数如下：

```
voidHAL_GPIO_EXTI_Callback(uint16_tGPIO_Pin)
{
if(GPIO_Pin==KEY1_EXTI_Pin)
LED=！LED；
}
```

主函数的死循环中，HAL_GPIO_EXTI_Callback 回调函数不会处理任何中断服务业务，也不用调用，只要发生了外部中断，单片机就会自动通过中断服务函数调用 HAL_GPIO_EXTI_Callback 函数，并通过传入不同的参数，来区分是哪一条中断线触发的下载程序，反复按下按键，并观察现象。例如：上述代码例程，没有进行消抖，如果进行消抖处理，可能因抖动而误操作。

在按键选择时，不建议使用机械式的按键，并且不推荐使用外部中断来中断检测。中断里，不推荐使用延时函数。中断里默认处理的是优先级比较高的事件，它将打断优先级比较低的事件。但即便是优先级比较低的事件，也是要处理的，不能被长期搁置。

所以，如果要用中断检测按键输入，建议使用硬件滤波，否则可以采用其他的思路，如每隔 10ms 检测一次电平，如果连续多次检测都是低电平，说明按键按下。图 2-15 为软件生成的初始化的中断回调函数实例。

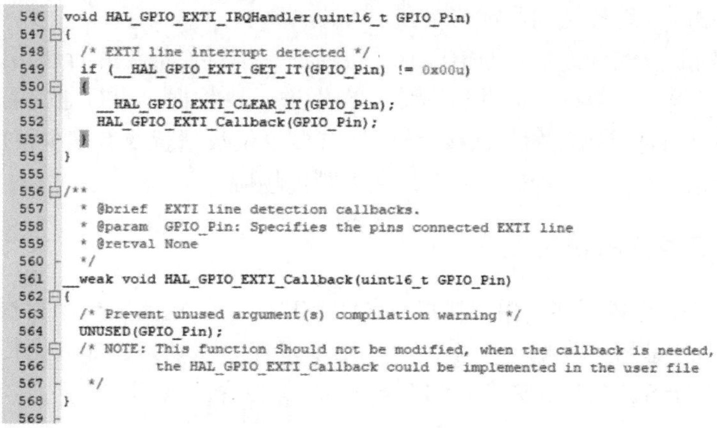

```
void HAL_GPIO_EXTI_IRQHandler(uint16_t GPIO_Pin)
{
  /* EXTI line interrupt detected */
  if (__HAL_GPIO_EXTI_GET_IT(GPIO_Pin) != 0x00u)
  {
    __HAL_GPIO_EXTI_CLEAR_IT(GPIO_Pin);
    HAL_GPIO_EXTI_Callback(GPIO_Pin);
  }
}

/**
  * @brief  EXTI line detection callbacks.
  * @param  GPIO_Pin: Specifies the pins connected EXTI line
  * @retval None
  */
__weak void HAL_GPIO_EXTI_Callback(uint16_t GPIO_Pin)
{
  /* Prevent unused argument(s) compilation warning */
  UNUSED(GPIO_Pin);
  /* NOTE: This function Should not be modified, when the callback is needed,
           the HAL_GPIO_EXTI_Callback could be implemented in the user file
   */
}
```

图 2-15　中断回调函数实例

2.3　串口通信的应用

串口的出现是在 1980 年前后，数据传输速率是 115230kbit/s。串口出现初期是为了实现连接计算机外设，初期串口一般用来连接鼠标和外置 Mode 以及老式摄像头和写字板等设备。串口也可以用于两台计算机(或设备)之间的互联及数据传输。由于串口(COM)不支持热插拔且传输速率较低，故部分新主板和大部分便携式计算机已开始取消该接口。用于工控和测量设备以及部分通信设备中的串口叫作串行接口，也称串行通信接口，按电气标准及协议来分包括 RS-232-C、RS-422、RS-485、USB 等。RS-232-C、RS-422 与 RS-485 标准只对接口的电气特性做出规定，不涉及接外挂程式、电缆或协议。USB 是近几年发展起来的新型接口标准，主要用于高速数据传输领域。

2.3.1 串口概述

串行接口是一种可以将接收来自 CPU 的并行数据字符转换为连续的串行数据流发送出去，同时可将接收的串行数据流转换为并行的数据字符供给 CPU 的器件，一般完成这种功能的电路，称为串行接口电路。

STM32F103ZET6 为控制器，总共有 5 个。通用同步异步收发器(USART)提供了一种灵活的方法，与使用工业标准的 NRZ 异步串行数据格式的外部设备之间进行全双工数据交换。USART 利用分数波特率发生器提供宽范围的波特率选择，它支持同步单向通信和半双工单向通信，也支持 LIN(局部互联网)智能卡协议和 IrDA(红外数据组织)SIRENDEC 规范，以及调制解调器(CTS/RTS)操作，它还允许多处理器通信。使用多缓冲器配置的 DMA 方式，可以实现高速数据通信。

通信指单片机与单片机或单片机与外界之间通过某种行为或媒介进行的信息流与传递的过程，或者说指需要信息的双方或多方在不违背各自意愿的情况下采用任意方法、任意媒质，将信息从某方准确安全地传送到另一方。

通信协议是指双方能够完成通信或服务所必须遵循的规则和约定。协议定义了数据单元使用的格式、信息单元应该包含的信息与含义、连接方式、信息发送和接收的时序，从而确保网络中数据顺利地传送到确定的地方。

通信根据传输的方式分为串行通信以及并行通信。串行通信与并行通信的主要区别是：串行通信一次只发送一位数据，而并行通信一次发送一块数据；串行通信需要使用的数据线为 1~2 根，而并行通信需要的数据线比较多(有多少位数据就要有多少根数据线)；串行通信一般用在远距离场所，并行通信一般用在近距离场所。

2.3.2 串口通信的相关概念

STM32F103ZET6 提供了多个串口接口(USART/UART)，用于实现串行通信。这些串口接口是嵌入式系统中非常重要的通信手段，适用于多种应用场景，如数据传输、调试和外设控制。以下是关于 STM32F103ZET6 串口通信的相关概念。

1. USART 与 UART

USART(通用同步异步收发器)：支持同步和异步模式的串口通信，可以与外部设备进行时钟同步。

UART(通用异步收发器)：仅支持异步模式，常用于简单的串行通信。

2. 串口配置

波特率：定义数据传输的速度，单位为比特每秒(bps)。STM32F103ZET6 支持 300~

2000000bps 的波特率。

数据位：每个数据包的位数，通常为 8 位(也可以是 7 位)。

停止位：数据传输结束后的停顿时间，通常为 1 位或 2 位。

校验位：用于错误检测，支持奇偶校验(None，Even，Odd)。

硬件流控：使用 RTS/CTS 信号进行硬件流量控制，防止数据丢失。

3. 基本功能

发送(TX)：通过串口发送数据到外部设备。使用 HAL_UART_Transmit 函数发送数据。

接收(RX)：从串口接收外部设备发送的数据。使用 HAL_UART_Receive 函数接收数据。

中断：通过中断机制处理数据接收和发送事件，使用 HAL_UART_IRQHandler 函数处理串口中断。

4. 工作模式

轮询模式：主程序周期性检查串口状态并处理数据，简单但效率较低。

中断模式：通过中断处理数据接收和发送，能够更高效地处理数据。

DMA 模式：使用 DMA(直接存储器访问)进行数据传输，减少 CPU 负担，适用于大数据量传输。

5. 配置寄存器

USARTx_CR1：配置串口的基本功能，如启用接收和发送功能，设置数据位和校验位。

USARTx_CR2：配置停止位、同步模式等高级功能。

USARTx_BRR：设置波特率寄存器，根据系统时钟计算波特率。

USARTx_SR：状态寄存器，用于检查串口的状态，如数据寄存器空(TXE)和数据寄存器满(RXNE)。

2.3.3 项目案例

【例 2-6】 串口实现固定长度数据收发。

单片机使用查询方式，首先通过串口接收 5 个字节，然后将收到的数据传回 PC。新建工程时，开发板默认的波特率为 115200bps，无校验位，停止位为 1 位，数据位为 8 位，在 PC 端的串口调试软件也要做同样的设置。另外，发送和接收都用字符模式。芯片引脚配置界面如图 2-16 所示。

第一步：打开 STM32CubeMX，选择开发板型号 NUCLEO-F411RE，新建工程，使用默认配置。进入配置界面，在左侧工具栏选择通信“Connetivity”串口“USART2”，可看到串口通信管脚默认分配为 PA2 和 PA3，其中 PA2 管脚属性为串口发送“USART_TX”，PA3 管脚属性为串口接收“USART_RX”，串口通信波特率为 9600bps，数据位为 8 位，停止位为 1 位，无奇偶校验位，如图 2-17 所示。

第二步：进入工程管理界面，设置工程名称、存储路径，开发工具选择为 MDK-ARM，生成代码。

第三步：打开 MDK 工程文件，在 MDK 的工程设置窗口中，点击 Target，勾选 Use

MicroLIB，才可以使用 printf( )和 scanf( )函数，如图 2-18 所示。

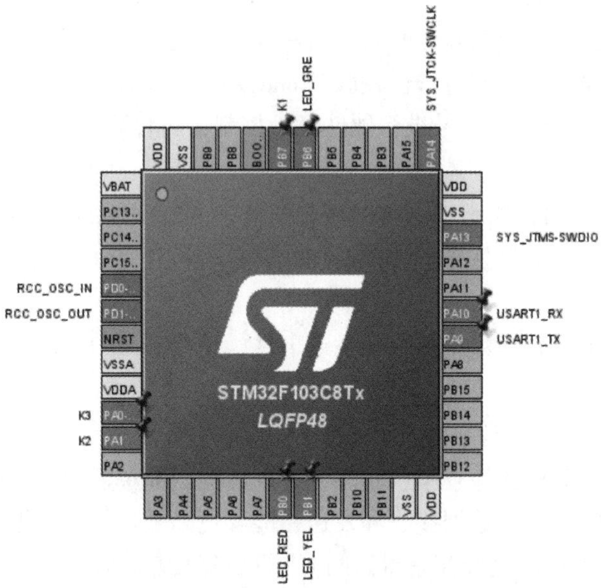

图 2-16 芯片引脚配置界面

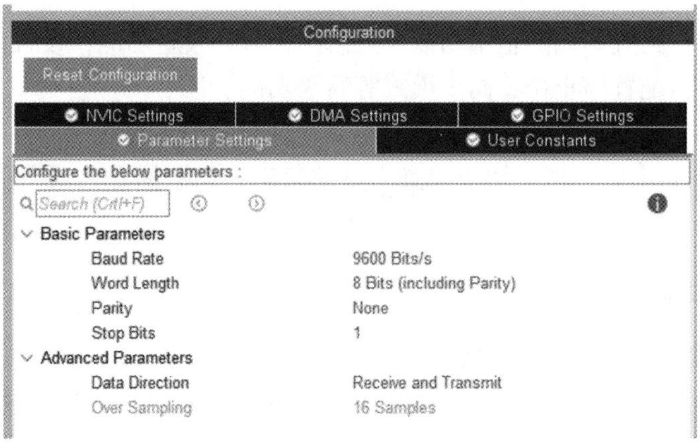

图 2-17 串口通信配置界面

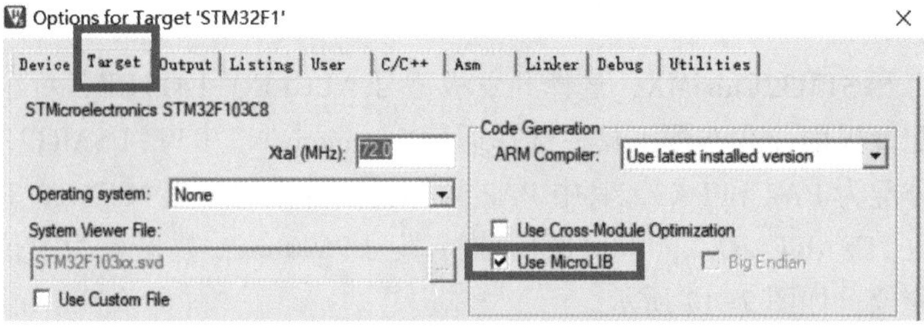

图 2-18 MDK 的工程设置窗口

查看 main. c 文件，可以看到 STM32CubeMX 自动生成串口 1 的句柄 huart1，初始化函数 MX_USART1_UART_Init( )。

在 main.c 中定义一个 unsigned char 类型的 uartBuf[18]，数组的大小为 18，用来存储接收到的数据，如图 2-19 所示。

```c
/* USER CODE BEGIN 2 */
unsigned char uartBuf[18] = "you pressed key1 !";
/* USER CODE END 2 */
```

图 2-19 程序示例

在 while(1)循环中加入条件判断语句，调用 KeyScan()函数进行按键扫描。根据函数的返回值进行判断，当值相等时，对 LED 灯进行取反的操作。

然后调用 HAL_UART_Transmit()函数将数据传输回 PC，函数的入口参数是串口句柄 huart1 的地址、存放接收数据的首地址 uartBuf、发送数据个数、超时等待时间，程序如图 2-20所示。

```c
/* USER CODE BEGIN WHILE */
while (1)
{
  if(KEY1_PRES == KeyScan())
  {
    LED_RED = !LED_RED;
    HAL_UART_Transmit(&huart1,uartBuf,18,0xffff);
  }



  /* USER CODE END WHILE */

  /* USER CODE BEGIN 3 */
}
/* USER CODE END 3 */
```

图 2-20 HAL_UART_Transmit()函数程序示例

第四步：编译并下载程序，在 PC 上打开串口调试助手，配置串口通信参数，注意参数和单片机端保持一致。使用串口调试助手发送“xupt1”，接收单片机回传的数据，观察实验结果。

【例 2-7】 使用 printf 实现重定向。

操作步骤：

(1) 初始化 USART：配置 USART 外设的参数，如波特率、数据位、停止位等。

(2) 实现 printf 重定向：通过定义_write 函数来将 printf 的输出重定向到 USART。

(3) 编写和配置代码：实现必要的 USART 初始化代码。实现_write 函数以通过 USART 发送数据。

1. USART 初始化

```c
#include "stm32f1xx_hal.h"
#include <stdio.h>

// USART1 句柄
UART_HandleTypeDef huart1;
```

```
// USART1 初始化函数
void MX_USART1_UART_Init(void){
    huart1.Instance=USART1;
    huart1.Init.BaudRate=115200;                    //设置波特率为 115200bps
    huart1.Init.WordLength=UART_WORDLENGTH_8B;      // 8 位数据位
    huart1.Init.StopBits=UART_STOPBITS_1;           // 1 个停止位
    huart1.Init.Parity=UART_PARITY_NONE;            //无校验位
    huart1.Init.Mode=UART_MODE_TX_RX;               //使能发送和接收
    huart1.Init.HwFlowCtl=UART_HWCONTROL_NONE; //不使用硬件流控制
    huart1.Init.OverSampling=UART_OVERSAMPLING_16; //过采样
    HAL_UART_Init(&huart1);                         //初始化 USART1
}
```

解释：

huart1.Instance：指定 USART 外设实例，这里是 USART1。

huart1.Init.BaudRate：设置串口的波特率为 115200bps。

huart1.Init.WordLength：设置数据位长度为 8 位。

huart1.Init.StopBits：设置停止位为 1 位。

huart1.Init.Parity：设置无校验位。

huart1.Init.Mode：配置串口为发送和接收模式。

huart1.Init.HwFlowCtl：不使用硬件流控制。

huart1.Init.OverSampling：设置过采样为 16。

HAL_UART_Init(&huart1)：初始化 USART1。

2. 重定向 printf 输出

```
int _write(int file, char *ptr, int len){
    HAL_UART_Transmit(&huart1, (uint8_t *)ptr, len, HAL_MAX_DELAY);
    return len;
}
```

3. 主函数

```
int main(void){
    HAL_Init();                     //初始化 HAL 库
    MX_USART1_UART_Init();          //初始化 USART1

    printf("Hello, STM32F103ZET6! \n"); //使用 printf 输出信息

    while(1){
        //主循环
    }
```

```
}
```

程序说明：

HAL_Init()：初始化 HAL 库，这对于 HAL 库的正常工作是必要的。

MX_USART1_UART_Init()：调用之前定义的 USART 初始化函数。

printf("Hello，STM32F103ZET6！\n");：使用 printf 函数输出字符串。输出会通过_write 函数重定向到 USART1。

while(1)：主循环保持程序运行。

【例 2-8】 使用串口控制开关灯。

操作步骤：

（1）初始化 USART 和 GPIO：配置 USART 串口以接收数据；配置 GPIO 引脚以控制 LED。

（2）编写接收和处理串口数据的代码：通过串口接收数据，解析数据并根据指令控制 LED。

（3）实现主程序逻辑：在主循环中处理串口数据和控制 LED。

示例代码及解释：

1. USART 和 GPIO 初始化

```
#include "stm32f1xx_hal.h"

// USART1 句柄
UART_HandleTypeDef huart1;

// GPIO 初始化函数
void MX_GPIO_Init(void) {
    GPIO_InitTypeDef GPIO_InitStruct = {0};

    //启用 GPIOC 时钟
    _HAL_RCC_GPIOC_CLK_ENABLE();

    //配置 PC13 为输出模式(LED 控制)
    GPIO_InitStruct.Pin = GPIO_PIN_13;
    GPIO_InitStruct.Mode = GPIO_MODE_OUTPUT_PP;
    GPIO_InitStruct.Pull = GPIO_NOPULL;
    GPIO_InitStruct.Speed = GPIO_SPEED_FREQ_LOW;
    HAL_GPIO_Init(GPIOC, &GPIO_InitStruct);
}

// USART1 初始化函数
```

```
void MX_USART1_UART_Init(void){
    huart1.Instance=USART1;
    huart1.Init.BaudRate=115200;                    //设置波特率为 115200bps
    huart1.Init.WordLength=UART_WORDLENGTH_8B;    // 8 位数据位
    huart1.Init.StopBits=UART_STOPBITS_1;        // 1 个停止位
    huart1.Init.Parity=UART_PARITY_NONE;           //无校验位
    huart1.Init.Mode=UART_MODE_TX_RX;               //使能发送和接收
    huart1.Init.HwFlowCtl=UART_HWCONTROL_NONE; //不使用硬件流控制
    huart1.Init.OverSampling=UART_OVERSAMPLING_16; // 过采样
    HAL_UART_Init(&huart1);                         //初始化 USART1
}
```

程序说明:

MX_GPIO_Init():初始化 GPIO 引脚。这里将 PC13 配置为推挽输出模式,用于控制 LED。

MX_USART1_UART_Init():初始化 USART1。设置波特率、数据位、停止位等参数。

2. 串口接收数据和控制 LED

```
#define BUFFER_SIZE 1
uint8_t rx_buffer[BUFFER_SIZE]; // 接收缓冲区

void USART1_IRQHandler(void){
    if(__HAL_UART_GET_FLAG(&huart1, UART_FLAG_RXNE)){
        HAL_UART_Receive_IT(&huart1, rx_buffer, BUFFER_SIZE);
    }
}

void HAL_UART_RxCpltCallback(UART_HandleTypeDef *huart){
    if(huart->Instance==USART1){
        if(rx_buffer[0]=='1'){
            HAL_GPIO_WritePin(GPIOC, GPIO_PIN_13, GPIO_PIN_SET); //点亮 LED
        } else if(rx_buffer[0]=='0'){
            HAL_GPIO_WritePin(GPIOC, GPIO_PIN_13, GPIO_PIN_RESET); //熄灭 LED
        }
        // 重新启动接收中断
        HAL_UART_Receive_IT(&huart1, rx_buffer, BUFFER_SIZE);
    }
```

```
}
```

程序说明：

USART1_IRQHandler()：USART1 的中断服务程序，检查接收中断标志位并调用接收回调函数。

HAL_UART_RxCpltCallback()：接收完成回调函数，处理接收到的数据。根据接收到的数据控制 LED。

HAL_GPIO_WritePin(GPIOC, GPIO_PIN_13, GPIO_PIN_SET)：点亮 LED(设置 PC13 为高电平)。

HAL_GPIO_WritePin(GPIOC, GPIO_PIN_13, GPIO_PIN_RESET)：熄灭 LED(设置 PC13 为低电平)。

HAL_UART_Receive_IT(&huart1, rx_buffer, BUFFER_SIZE)：重新启动接收中断，以便接收新的数据。

3. 主程序

```
int main(void){
    HAL_Init();                        //初始化 HAL 库
    MX_GPIO_Init();                    // 初始化 GPIO
    MX_USART1_UART_Init();             //初始化 USART1

    //启动接收中断
    HAL_UART_Receive_IT(&huart1, rx_buffer, BUFFER_SIZE);

    while(1){
        //主循环
    }
}
```

程序说明：

HAL_Init()：初始化 HAL 库，这对于 HAL 库的正常工作是必要的。

MX_GPIO_Init()：调用之前定义的 GPIO 初始化函数。

MX_USART1_UART_Init()：调用之前定义的 USART 初始化函数。

HAL_UART_Receive_IT(&huart1, rx_buffer, BUFFER_SIZE)：启动 USART1 的接收中断，接收数据到 rx_buffer 中。

while(1)：主循环保持程序运行。所有的串口数据处理都在中断处理函数中完成。

2.4 定时器的应用

2.4.1 定时器概述

STM32F10x 系列单片机内集成了多个定时器模块，按照功能的不同，这些定时器分为基本定时器、通用定时器以及高级定时器。其中基本定时器的主要功能为实现基本的延时以及触发 DAC 的同步电路。

通用定时器除了具有基本定时器功能，还具有输入捕获、输出比较和 PWM 输出等功能。高级定时器除具有通用定时器的功能，还具有嵌入死区时间和 PWM 互补输出等功能。

STM32F10x 系列的单片机所包含的定时器为基本定时器(TIM6、TIM7)、通用定时器(TIM2~TIM5)以及高级定时器(TIM1、TIM8)。

2.4.2 定时器相关概念

本章将以基本定时器 TIM6 为例，介绍定时器的内部结构和编程方法。

基本定时器 TIM6 和 TIM7 各包含一个 16 位自动装载计数器，由各自的可编程预分频器驱动。

它们可以作为通用定时器提供时间基准，特别地，可以为数/模转换器(DAC)提供预分频器驱动。实际上，它们的芯片内部直接连接到 DAC 并通过触发输出直接驱动 DAC。这两个定时器是互相独立的，不共享任何资源。

TIM6 由一个 16 位自动重载递加计数器组成，计数范围在 $0\sim(2^{16}-1)$之间，计数器只能进行加法计算，不能进行减法计算。它还包含了一个 16 位的可编程预分频器，需要计数器进行计数操作，而计数操作的最终目的就是定时，所以为了满足更长的计时要求，可以对输入的时钟源进行预分频。预分频系数范围在 1~65536 之间，可以进行任意调整。在操作寄存器时预分频寄存器以及自动重载寄存器都是有影子寄存器存在的，影子寄存器起到一个缓冲的作用。

对于影子寄存器，举个简单的例子。想要改变自动重装载寄存器中的数值，但当前的计时还没有结束，如果没有设置影子寄存器，那么一旦修改了值则立即就会生效；如果设置了影子寄存器，则新设置的值在这一次的计数周期结束后才会生效。本定时器的内部框图如图 2-21 所示。

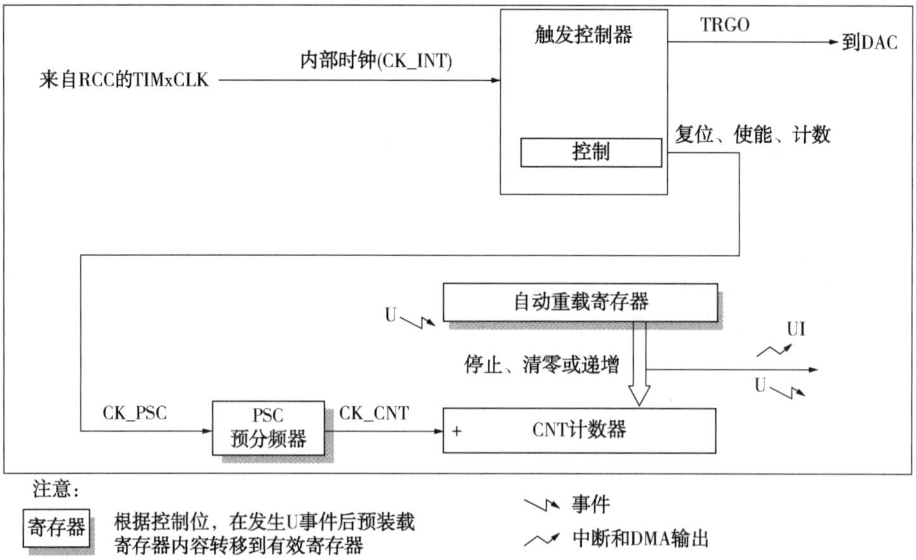

图 2-21 定时器内部结构图

定时器的时基单元主要包含计数器寄存器 TIMX_CNT、预分频寄存器 TIM_PSC 以及自动重装载寄存器 TIMX_ARR。下面逐一分析这几个寄存器的主要功能。

1. 重装载寄存器 TIMX_ARR

重装载寄存器 TIMX_ARR 其实就是一个计数周期。对于基本定时器来说，自动重装载寄存器只能实现递增计数。这里值得注意的是，自动重载寄存器也是存在影子寄存器的，不过这个影子寄存器与预分频寄存器的影子寄存器有所不同，预分频寄存器的影子寄存器不可以进行选择且是一个必须开启状态，但是重装载寄存器的影子寄存器可以选择开启，也可以选择不开启。具体的影子寄存器的效果前面也说过了，这里就不再做过多说明，这里建议开启影子寄存器，这样会更加安全一些。当然就算开启了影子寄存器，也是不能直接访问的，只能访问上层寄存器，只有 CPU 才能访问影子寄存器。

2. 预分频寄存器 TIM_PSC

预分频寄存器的主要功能是可以对系统时钟频率进行 1~65536 之间任意值的分频，经过分频后可以得到计数器时钟 CK_CNT。预分频的分频比例可以通过式(2-1)进行计算。

$$CK\_CNT = f_{ck\_psc} / (PSC[15:0]+1) \tag{2-1}$$

预分频寄存器带有缓冲器(其实就是影子寄存器)，它能使分频值在定时器运行时就发生改变，但是不会直接对计数器时钟进行修改，而是会在下次更新事件到来时发生改变，具体如图 2-22 所示。

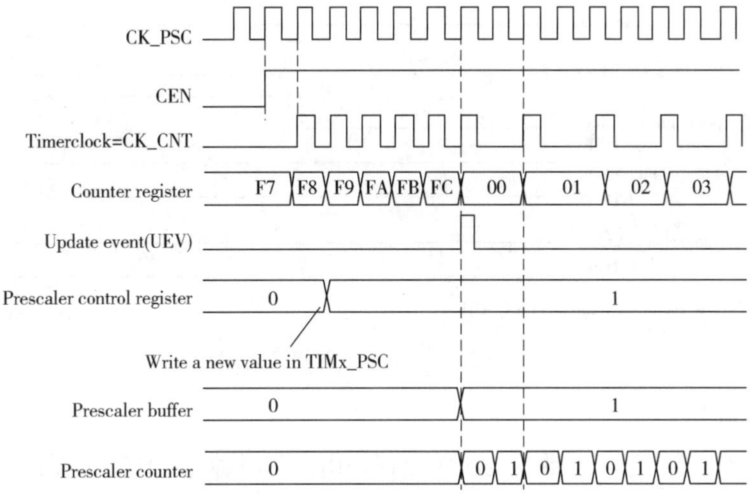

图 2-22 预分频器分频时序图

由图 2-22 可以看到，当预分频控制寄存器为 0 时，定时器时钟 CK_CNT 与预分频时钟 CK_PSC 相同，1 个脉冲计数 1 次；当预分频控制寄存器修改为 1 时，对定时器时钟没有任何影响，这是因为预分频寄存器带有影子寄存器。当发生更新事件之后，预分频控制寄存器值就会立即使定时器时钟发生改变，变成 2 个脉冲计数 1 次。

3. 计数器寄存器 TIMX_CNT

我们本次使用的基本定时器是 16 位的计数器，这也就证明了计数的最大值是 65535。16 位的计数器属于递增计数器，也就是说计数器可以从 0 计数到重装载值(TIMX_ARR)，并产生计数溢出，然后重新从 0 开始计数，当产生更新事件(包含溢出)时，自动重装载影子寄存器的值就会被更新为自动重装载寄存器(TIMX_ARR)的值，同时预分频寄存器的影子寄存器的值也会被预分频寄存器(TIMX_PSC)的值重新装载。

在计数的过程中，如果修改自动重装载寄存器(TIMX_ARR)的值，则会对计数过程产生影响，具体情况如下：

当 TIMX_CR1 寄存器的 ARPE 位为 0 时，证明未使能自动重装载寄存器的影子寄存器，正常情况下计数器应该计数到"0xFF"才会进行下一轮的循环计数，但是当计数器正计数到"0x32"时，我们修改了自动重装载寄存器中的值，"0xFF"改成了"0x36"，则写入的数值立即生效，并且在计数器计数到"0x36"时产生更新事件，如图 2-23 所示。

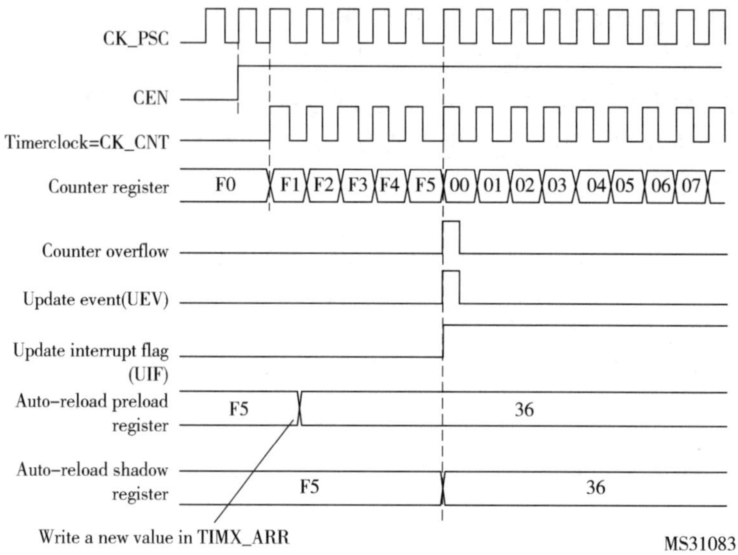

图 2-23　ARPE = 1 时更新时间

4. 计数器时钟

对于基本定时器来说，计数器的时钟仅仅是由内部时钟 CK_INT 提供的，这个时钟频率是由 APB1 系统时钟总线经过分频后得到的。这里需要着重说一下这个时钟频率。需要注意的是，如果 APBx 的分频系数为 1，则频率不变；否则频率需要进行 2 倍处理。如图 2-24 所示，可以看到 APBx 的外设时钟和定时器时钟是分开表示的，AHBx 总线过来的频率经过 APBx 分频后，如果 APBx 的分频系数为 1 则频率不变；如果不为 1(也就是说无论分频系数为多少，只要不为 1)，就要×2。我们本次实验使用的 TIM6 定时器挂载在 APB1 总线上，其时钟频率为 42MHz，APB1 的分频系数为 4，则我们所使用的 TIM6 定时器的时钟频率为 42×2 = 84MHz。

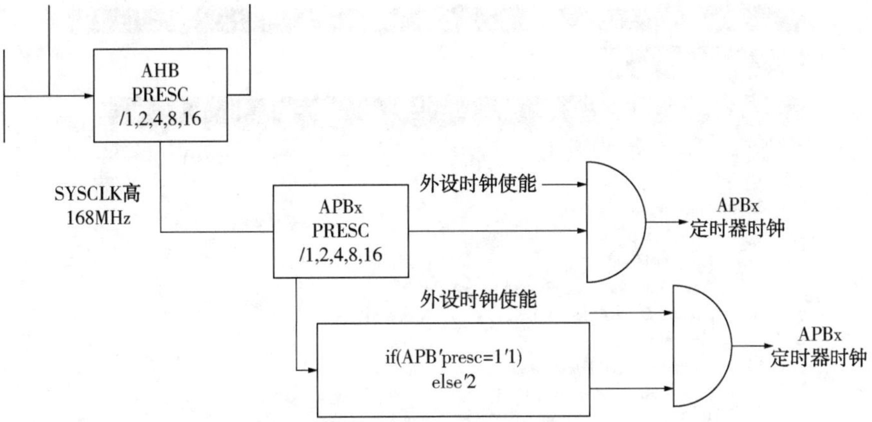

图 2-24　时钟框图

2.4.3　项目案例

【例 2-9】　使用定时器中断实现定时 1s。

1. 使用 STM32CubeMX 配置定时器

打开 STM32CubeMX 软件，如图 2-25 所示，设置定时器模块。

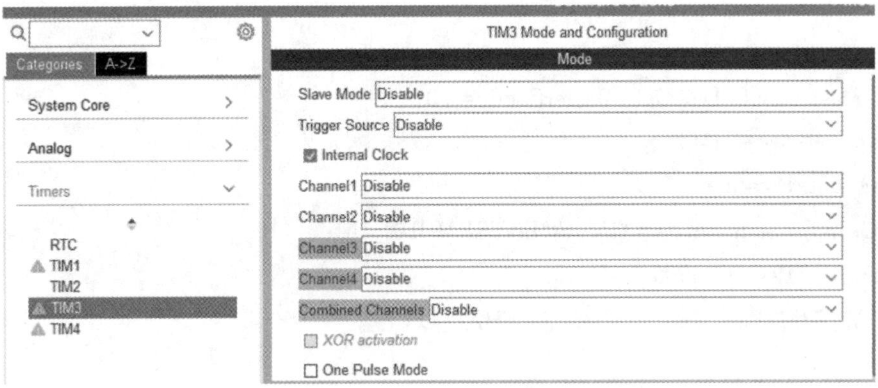

图 2-25　设置定时器时钟操作示意图

（1）在 Pinout & Configuration 页面下选择 Timers（定时器）；

（2）选择 TIM3 选项，界面右边会显示相应的 TIM3 Mode and Configuration（TIM3 模式和设置）区域；

（3）勾选 Internal Clock（内部时钟）选项，代表启用定时器，时钟源来自内部，即定时器时钟为 72MHz；

（4）在下方的 Counter Settings 中设定溢出时间为 500ms，PSC = 7199，ARR = 4999，Counter Mode 选择 Up，选择内部时钟，不用自动重装值预加载功能，如图 2-26 所示。

使能 TIM3 全局中断，TIM3 有不止一个中断，此处使用的是全局中断。注意，使能全局中断，不代表开启定时器。应该编写代码在需要开始计时的时候，开启定时器。并找到 NVIC 控制器，开启 TIM3 的全局中断，赋予优先级。

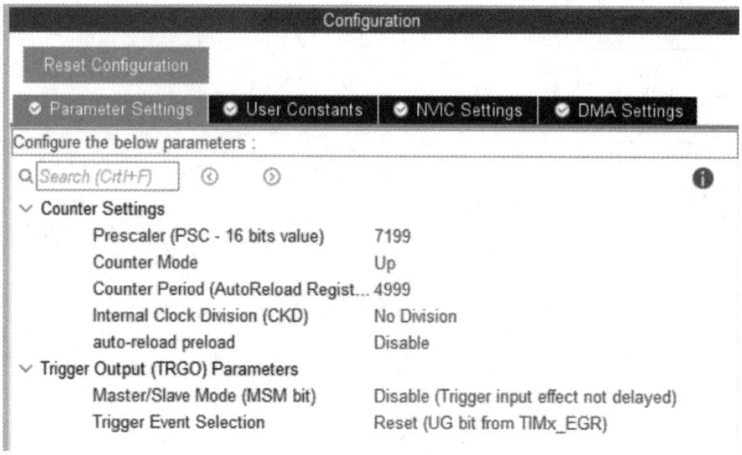

图 2-26　设置 500ms 溢出时间操作示意图

2. 定时器开启与中断服务

STM32CubeMX 自动生成 TIM3 的初始化代码，如下所示(省略部分代码)。

```
staticvoidMX_TIM3_Init(void)
{
TIM_ClockConfigTypeDef sClockSourceConfig={0};
TIM_MasterConfigTypeDef sMasterConfig={0};
htim3. Instance=TIM3;
htim3. Init. Prescaler=7199;
htim3. Init. CounterMode=TIM_COUNTERMODE_UP;
htim3. Init. Period=4999;
if(HAL_TIM_Base_Init(&htim3)! =HAL_OK)
{
Error_Handler();
}
/ * USERCODEBEGINTIM3_Init2 * /
__HAL_TIM_CLEAR_FLAG(&htim3, TIM_FLAG_UPDATE);
HAL_TIM_Base_Start_IT(&htim3);
LED_GRE=! LED_GRE;
/ * USERCODEENDTIM3_Init2 * /
}
```

可以看出，从第 6 行到第 13 行，按照输入的参数设置了分频系数、计数周期等，并用函数 HAL_TIM_Base_Init 初始化了定时器。这个函数中有一对 USERCODEBEGINAEND，预留了开启定时器代码的位置——第 15 行，手动添加函数 HAL_TIM_Base_Stan_n，启动 TIM3 中断。

新建一个 Timer. c，重写定时器中断回调函数 HAL_TIM_PeriodElapsedCallback，如果判断是 TIM3 发生了溢出中断，就让红灯状态翻转。根据之前的参数设置，程序每隔 500ms 调一次 HALTIMPeriodElapsedCallback 函数。记得在 main. h 中对 htim3 进行声明，Timer. c 文件使用 htim3。由于要用到红灯，所以要包含 IO. h 头文件。

```
#include" IO. h"
voidHAL_TIM_PeriodElapsedCallback( TIM_HandleTypeDef * htim)
{
if( htim = = ( &htim3) )
{
LED_RED = ! LED_RED;
}
}
```

主函数的死循环内无须任何代码。下载程序并观察现象，应该可以看到，红灯以 1s 为周期亮灭，说明定时器中断服务函数顺利执行了。

【例 2-10】 利用定时器实现捕获脉冲信号。

操作步骤：

配置定时器的输入捕获功能；

设置定时器的输入捕获模式；

配置定时器的输入通道连接到对应的 GPIO 引脚。

编写捕获中断处理程序：

捕获脉冲的上升沿或下降沿；

计算脉冲宽度或频率。

主程序配置：

初始化 HAL 库；

启动定时器并使能中断；

示例代码及解释。

1. 定时器初始化

```
#include " stm32f1xx_hal. h"

TIM_HandleTypeDef htim2;      //定时器 2 句柄

//定时器 2 初始化函数
void MX_TIM2_Init( void) {
      TIM_IC_InitTypeDef sConfigIC = {0} ;

      __HAL_RCC_TIM2_CLK_ENABLE( ) ;       //启用 TIM2 时钟
```

```
    //配置 TIM2 基本参数
    htim2. Instance=TIM2;
    htim2. Init. Prescaler=0;            //不分频
    htim2. Init. CounterMode=TIM_COUNTERMODE_UP; //向上计数模式
    htim2. Init. Period=0xFFFF;          //自动重装载寄存器的值
    htim2. Init. ClockDivision=TIM_CLOCKDIVISION_DIV1;
    HAL_TIM_Base_Init(&htim2);

    //配置输入捕获
    sConfigIC. ICPolarity=TIM_ICPOLARITY_RISING; //捕获上升沿
    sConfigIC. ICSelection=TIM_ICSELECTION_DIRECTTI;
    sConfigIC. ICPrescaler=TIM_ICPSC_DIV1;           //不分频
    sConfigIC. ICFilter=0;                    // 无滤波

    HAL_TIM_IC_ConfigChannel(&htim2, &sConfigIC, TIM_CHANNEL_1); //配置
TIM2 通道 1
}
```

程序说明：

__HAL_RCC_TIM2_CLK_ENABLE()：启用 TIM2 时钟。

htim2. Init. Prescaler：设置定时器分频系数为 0，定时器计数频率等于时钟频率。

htim2. Init. CounterMode：定时器向上计数模式。

htim2. Init. Period：设置自动重装载寄存器的值为 0xFFFF。

sConfigIC. ICPolarity：配置输入捕获为上升沿。

sConfigIC. ICSelection：选择输入捕获模式。

sConfigIC. ICPrescaler：不使用分频。

sConfigIC. ICFilter：不使用滤波。

2. 捕获中断处理

```
void TIM2_IRQHandler(void){
    if(__HAL_TIM_GET_FLAG(&htim2, TIM_FLAG_CC1)! =RESET){
        if(__HAL_TIM_GET_IT_SOURCE(&htim2, TIM_IT_CC1)! =RESET){
            __HAL_TIM_CLEAR_IT(&htim2, TIM_IT_CC1); //清除中断标志

            uint32_t capture=HAL_TIM_ReadCapturedValue(&htim2, TIM_CHANNEL_1);
            //处理捕获值，例如计算脉冲宽度
        }
```

```
    }
}

void HAL_TIM_IC_CaptureCallback(TIM_HandleTypeDef *htim){
    if(htim->Instance==TIM2){
        uint32_t capture=HAL_TIM_ReadCapturedValue(htim, TIM_CHANNEL_1);
        //处理捕获值，例如计算脉冲宽度
    }
}
```

程序说明：

TIM2_IRQHandler()：TIM2 中断处理程序，检查是否有输入捕获事件，并清除中断标志。

HAL_TIM_ReadCapturedValue(&htim2, TIM_CHANNEL_1)：读取捕获的值。

HAL_TIM_IC_CaptureCallback()：HAL 库回调函数，当发生输入捕获事件时调用。

3. 主程序

```
int main(void){
    HAL_Init();                    //初始化 HAL 库
    MX_TIM2_Init();                //初始化 TIM2

    HAL_TIM_IC_Start_IT(&htim2, TIM_CHANNEL_1); // 启动定时器输入捕获并使能中断

    while(1){
        //主循环
    }
}
```

程序说明：

HAL_Init()：初始化 HAL 库。

MX_TIM2_Init()：初始化定时器 2。

HAL_TIM_IC_Start_IT(&htim2, TIM_CHANNEL_1)：启动 TIM2 输入捕获并使能中断。

【例 2-11】 利用定时器输出 PWM 信号。

使用单片机 PA5 管脚输出周期为 2s、占空比为 50%的 PWM 信号，控制开发板上的 LED 指示灯。

第一步：使用 STM32CubeMX 新建工程，选择单片机型号 STM32F103ZET，配置 PA5 管脚为定时器 3 的 PWM 输出通道 1(TIM3CH1)，如图 2-27 所示。设置定时器 2(TIM2)为内部时钟控制，即选择 Timers→TIM2→Clock Source→Internal Clock，通道 1 设置为第一通道

Channel1→PWM Generation CH1，设置定时器参数，如图 2-28 所示。

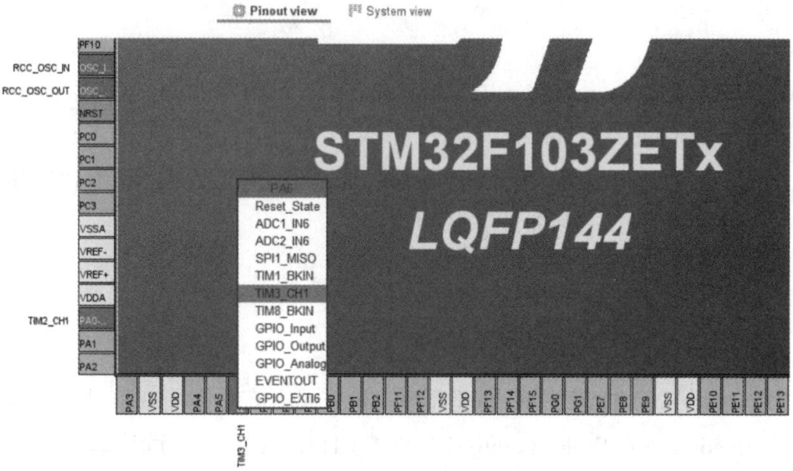

图 2-27　配置管脚

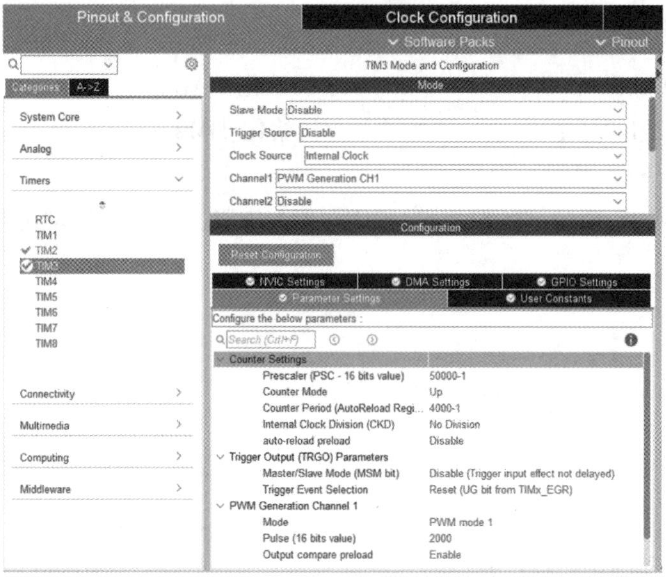

图 2-28　设置定时器参数

第二步：配置时钟。配置完成后设置工程名称和存储路径，开发工具选择为 MDK-ARM，生成代码，打开工程。

第三步：修改程序，输出 PWM，如图 2-29 所示。

```
  /* Initialize all configured peripherals */
  MX_GPIO_Init();
  MX_TIM2_Init();
  /* USER CODE BEGIN 2 */
HAL_TIM_PWM_Start(&htim2,TIM_CHANNEL_1);
  /* USER CODE END 2 */
```

图 2-29　PWM 函数程序

【例 2-12】 控制 PWM 占空比实现呼吸灯效果。

使用单片机 PA5 管脚输出频率为 50Hz、占空比可变的 PWM 信号，控制开发板上的 LD2 指示灯，实现呼吸灯效果。

第一步：使用 STM32CubeMX 新建工程，选择单片机型号 STM32F103ZETx，配置 PA5 管脚为定时器 2 的 PWM 输出通道 1（TIM2_CH1），配置好的管脚如图 2-30 所示。设置定时器 2（TIM2）为内部时钟控制，即选择 Timers→TIM2→Clock Source-Internal Clock，设置通道 1 为第一通道，即选择 Channel1→PWM Generation CH1，设置定时器参数，如图 2-31 所示。

图 2-30 管脚设置

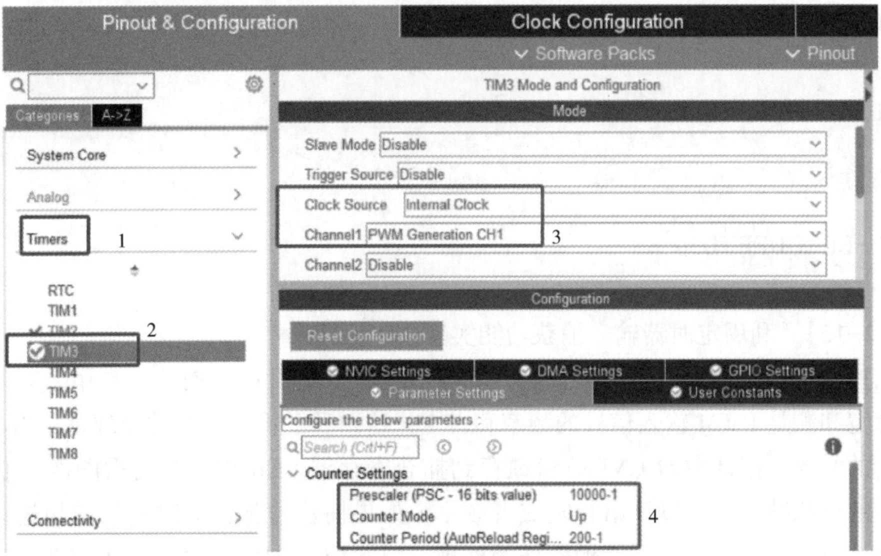

图 2-31 设置定时器参数

第二步：配置时钟，修改 HCLK 为 100MHz。配置完成后设置工程名称和存储路径，开发工具选择为 MDK-ARM，生成代码，打开工程。

第三步：修改程序，输出 PWM，设置占空比为 0%~50%，实现呼吸灯效果，占空比由 0

增加到50%，再由50%减小到0，程序清单如下，编译并烧录程序至开发板，观察实验结果。

呼吸灯任务主程序

```
/ * USERCODEBEGIN2 * /
    uint16_tDuty = 0;
    uint16_tstep = 2000; //定义占空比和步进值 step = 20000 * 10% = 2000

    HAL_TIM_PWM_Start(&htim14, TIM_CHANNEL_1);
/ * USERCODEEND2 * /

/ * Infiniteloop * /
/ * USERCODEBEGINWHILE * /
while(1)
{
        for(Duty = 0; Duty <= 20000; Duty = Duty+step)
        {
            __HAL_TIM_SetCompare(&htim14, TIM_CHANNEL_1, Duty);
            HAL_Delay(100);
        }
/ * USERCODEENDWHILE * /

/ * USERCODEBEGIN3 * /

}
/ * USERCODEEND3 * /
```

【例 2-13】 利用定时器输入捕获功能实现频率计算。

输入捕获可以对输入信号的上升沿、下降沿或者双边沿进行捕获，常用的有测量输入信号的脉宽和测量 PWM 输入信号的频率和占空比这两种。输入捕获的原理是，当捕获到信号跳变沿的时候，把计数器 CNT 的值锁存到捕获寄存器 CCR 中，把前后两次捕获到 CCR 寄存器中的值相减，就可以算出脉宽或者频率。如果捕获的脉宽的时间长度超过捕获定时器的周期，就会发生溢出，需要做额外的处理。因此配置 TIM 定时器输入捕获时，尽可能将 TIM 定时器的周期拉大。配置步骤如下。

（1）选择定时器和输入通道：使用 TIM1、TIM2、TIM3 等定时器。例如，这里使用 TIM2 的通道 1。

（2）配置 GPIO 引脚：配置为输入模式，例如，将 PA0 配置为 TIM2_CH1 的输入。

(3) 初始化定时器。

```
#include "stm32f1xx_hal.h"

TIM_HandleTypeDef htim2;

void Timer2_Init(void)
{
    __HAL_RCC_TIM2_CLK_ENABLE(); //使能 TIM2 时钟
    __HAL_RCC_GPIOA_CLK_ENABLE(); //使能 GPIOA 时钟

    GPIO_InitTypeDef GPIO_InitStruct = {0};

    //配置 PA0 为 TIM2_CH1 的输入
    GPIO_InitStruct.Pin = GPIO_PIN_0;
    GPIO_InitStruct.Mode = GPIO_MODE_INPUT;
    GPIO_InitStruct.Pull = GPIO_NOPULL;
    HAL_GPIO_Init(GPIOA, &GPIO_InitStruct);

    htim2.Instance = TIM2;
    htim2.Init.Prescaler = 0; //无预分频
    htim2.Init.CounterMode = TIM_COUNTERMODE_UP;
    htim2.Init.Period = 0xFFFF; //自动重载寄存器值
    htim2.Init.ClockDivision = TIM_CLOCKDIVISION_DIV1;
    HAL_TIM_IC_Init(&htim2);

    TIM_IC_InitTypeDef sConfigIC = {0};
    sConfigIC.ICPolarity = TIM_ICPOLARITY_RISING; //捕获上升沿
    sConfigIC.ICSelection = TIM_ICSELECTION_DIRECTTI;
    sConfigIC.ICPrescaler = TIM_ICPSC_DIV1;
    sConfigIC.ICFilter = 0;
    HAL_TIM_IC_ConfigChannel(&htim2, &sConfigIC, TIM_CHANNEL_1);

    HAL_TIM_IC_Start_IT(&htim2, TIM_CHANNEL_1); //启动输入捕获并启用中断
}

void TIM2_IRQHandler(void)
```

```
{
    HAL_TIM_IRQHandler(&htim2);
}

void HAL_TIM_IC_CaptureCallback(TIM_HandleTypeDef *htim)
{
    static uint32_t lastCapture=0;
    uint32_t capture=HAL_TIM_ReadCapturedValue(htim, TIM_CHANNEL_1);

    if(lastCapture ! =0)
    {
     uint32_t period=capture-lastCapture;
        float frequency=HAL_RCC_GetPCLK1Freq()/(htim2.Init.Prescaler+1)/ period;
        //处理频率值
    }

    lastCapture=capture;
}
```

(4) 计算频率。

捕获值计算：在 HAL_TIM_IC_CaptureCallback 中，计算捕获值的差，得出时间间隔。

频率计算方法：根据定时器时钟频率、预分频器值和捕获值差，计算输出频率。

【例 2-14】 利用定时器实现电子秒表。

操作步骤：

配置定时器：设置定时器的时基，配置定时器生成定时中断。

编写秒表的逻辑：在中断处理程序中增加计数，实现显示功能(例如，通过 UART 或 LCD)。

主程序配置：初始化 HAL 库，启动定时器。

1. 定时器初始化

```
#include "stm32f1xx_hal.h"

//定时器句柄
TIM_HandleTypeDef htim2;

//定时器 2 初始化函数
void MX_TIM2_Init(void){
     //配置定时器基本参数
```

```
    htim2.Instance=TIM2;
    htim2.Init.Prescaler=7199;    //设置预分频器(72MHz /(7199+1)= 10kHz)
    htim2.Init.CounterMode=TIM_COUNTERMODE_UP; //向上计数模式
    htim2.Init.Period=9999;    // 设置自动重装载寄存器的值(10kHz/(9999+1)= 1Hz)
    htim2.Init.ClockDivision=TIM_CLOCKDIVISION_DIV1;
    HAL_TIM_Base_Init(&htim2);       //初始化定时器

    //配置定时器中断
    HAL_NVIC_SetPriority(TIM2_IRQn, 0, 0);
    HAL_NVIC_EnableIRQ(TIM2_IRQn);
}

//启动定时器
void Start_Timer(void){
    HAL_TIM_Base_Start_IT(&htim2);
}
```

程序说明：

htim2. Init. Prescaler=7199：将定时器的时钟频率预分频到 10kHz[72MHz/(7199+1)]。

htim2. Init. Period=9999：设置定时器周期，使其计数到 9999 后产生一个 1Hz[10kHz /(9999+1)]的中断信号。

HAL_TIM_Base_Init(&htim2)：初始化定时器 2。

HAL_NVIC_SetPriority(TIM2_IRQn, 0, 0)：设置定时器 2 中断的优先级。

HAL_NVIC_EnableIRQ(TIM2_IRQn)：使能定时器 2 中断。

HAL_TIM_Base_Start_IT(&htim2)：启动定时器并使能中断。

2. 定时器中断处理程序

```
volatile uint32_t seconds=0; //秒表计数变量

void TIM2_IRQHandler(void){
    if(__HAL_TIM_GET_FLAG(&htim2, TIM_FLAG_UPDATE)! =RESET){
        if(__HAL_TIM_GET_IT_SOURCE(&htim2, TIM_IT_UPDATE)! =RESET){
            __HAL_TIM_CLEAR_IT(&htim2, TIM_IT_UPDATE); //清除更新中断
标志

            seconds++; //每秒钟增加一次
            //可以在这里添加代码更新显示(例如通过 UART 或 LCD)
        }
```

```
    }
}
```

程序说明：

TIM2_IRQHandler()：定时器 2 的中断服务程序。

__HAL_TIM_GET_FLAG(&htim2，TIM_FLAG_UPDATE)：检查定时器是否发生更新事件。

__HAL_TIM_GET_IT_SOURCE(&htim2，TIM_IT_UPDATE)：检查定时器更新中断是否使能。

__HAL_TIM_CLEAR_IT(&htim2，TIM_IT_UPDATE)：清除更新中断标志。

seconds++：每秒钟增加秒表计数值。

3. 主程序

```
int main(void){
    HAL_Init();                    //初始化 HAL 库
    MX_TIM2_Init();                //初始化定时器 2

    Start_Timer();                 //启动定时器

    while(1){
        //主循环
        //可以在这里添加代码，比如通过 UART 将秒表时间发送到计算机
    }
}
```

程序说明：

HAL_Init()：初始化 HAL 库。

MX_TIM2_Init()：初始化定时器 2。

Start_Timer()：启动定时器并使能中断。

while(1)：主循环保持程序运行，可以在此添加代码，比如通过 UART 将秒表时间显示在计算机上。

2.5 ADC 的应用

2.5.1 ADC 概述

STM32F103ZET6 芯片的 ADC 模块是一种逐次通近型模/数转换器，转换精度为 12 位。它有多达 18 个通道，可测量 16 个外部转换通道和 2 个内部转换通道。其中 ADC_IN[0：15]是 16 个外部转换通道，这 16 个外部转换通道直接与外部 GPIO 口相连，可以对外部的

输入信号进行 A/D 转换。另外 2 个内部转换通道分别与芯片内部的温度传感器和内部参考电压引脚相连。各通道的 A/D 转换可以实现单次、连续、扫描或间断模式执行。ADC 的结果可以以左对齐或右对齐的方式存储在 16 位数据寄存器中，ADC 框图如图 2-32 所示。

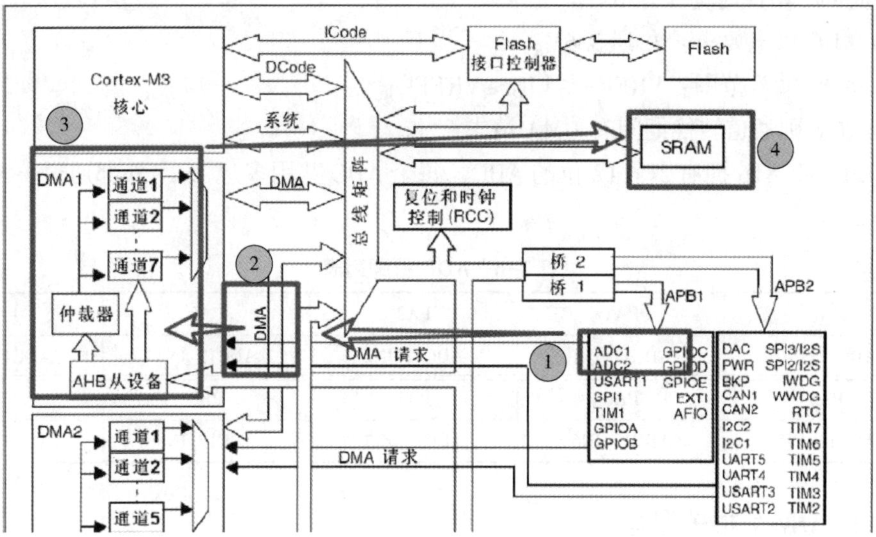

图 2-32 ADC 框图

ADC 模块通常是将信号采样并保持以后，再进行量化和编码，这两个过程是在转化的同时实现的。

ADC 模块还具有模拟看门狗的特性，允许应用程序检测输入电压是否超出用户定义的高/低阈值。

ADC 的输入时钟由 PCLK2 经分频产生，最高不得超过 14MHz。具体的分频方式直接通过时钟控制器 RCC 来进行。

2.5.2 ADC 相关概念

自然界宏观的物理量是连续的，而机器识别的信号 0 与 1 是离散的。为了让机器能够采集、分析、储存这些连续的量，要把需要被模拟的物理量转换为数字量。把温度、光照度等非电量参数转换成电量的形式，然后再由 ADC 将电压转换为数字信号。

(1) 12 位分辨率；

(2) 转换结束、注入转换结束和发生模拟看门狗事件时产生中断；

(3) 单次和连续转换模式；

(4) 从通道 0 到通道 n 的自动扫描模式；

(5) 自校准；

(6) 带内嵌数据一致性的数据对齐；

(7) 采样间隔可以按通道分别编程；

(8) 规则转换和注入转换均有外部触发选项；

(9) 间断模式;

(10) 双重模式(带 2 个或 2 个以上 ADC 的器件);

(11) ADC 转换时间与型号有关, 如 STM32F103xx 增强型产品, 时钟为 56MHz 时为 1μs, 时钟为 72MHz 时为 1.17μs;

(12) ADC 供电要求: 2.4~3.6V;

(13) ADC 输入范围: VREF-≤VIN≤VREF+;

(14) 在规则通道转换期间有 DMA 请求产生。

STM32F103C8T6 拥有 2 个 12 位的 ADC, 每个 ADC 共用多达 16 个外部通道, ADC 引脚列表见表 2-6。

表 2-6　ADC 引脚列表

引脚	PA0	PA1	PA2	PA3	PA4
通道	ADC12_IN0	ADC12_IN1	ADC12_IN2	ADC12_IN3	ADC12_IN4
引脚	PA5	PA6	PA7	PB0	PB1
通道	ADC12_IN5	ADC12_IN6	ADC12_IN7	ADC12_IN8	ADC12_IN9

2.5.3　DMA 相关概念

数据的复制、存储、转移等工作, 可由 DMA 完成, 为 CPU 减负。DMA, 全称 Direct Memory Access, 即直接存储器访问。DMA 传输将数据从一个地址空间复制到另一个地址空间, 提供在外设和存储器之间或者存储器和存储器之间的高速数据传输, 而且无须 CPU 参与。STM32F103C8 拥有 7 路通用 DMA。每个通道都有专门的硬件 DMA 请求逻辑。DMA 可以用于主要的外设: SPI、I2C、USART, 通用、基本和高级控制定时器 TIMx 和 ADC。STM32F103C8 单片机没有 DMA2。

2.5.4　项目案例

【例 2-15】 光照强度检测。

光照强度程序设计思路: 光敏电阻是用硫化镉或硒化镉等半导体材料制成的特殊电阻器, 随着光照度的升高, 电阻值会降低; 反之光照度降低, 电阻值会升高。由于光敏电阻能够把光照度与电阻对应起来, 且结构简单、价格低廉, 常常被用于精度不高的采集光照度的场合, 它的形态如图 2-33 所示。常见光敏电阻的亮电阻一般是 1~100kΩ, 暗电阻一般大于 1MΩ。将光敏电阻与固定电阻串联, 通过读取固定电阻的分压, 能够算出光敏电阻的阻值, 然后查阅相关表格得到光敏电阻对应的光照度。配套电路板上的光敏电阻电路如图 2-34 所示。

其中 PA6 接单片机 AD 采集引脚, 它最大只能输入 3.6V 电压, 而光敏电阻 R_L 的供电为 5V, 所以设计了 R1 与 R2 两个分压电阻, 确保 PA6 的电压不超过 3.6V。设光敏电阻的阻值为 x, PA6 的电压为 y, 利用串联电路电流相等的关系, 可得以下公式:

$$\frac{y}{1500}=\frac{5}{x+2500} \tag{2-2}$$

STM32 的 ADC 精度为 12 位，则最大值为 4096。采集到的 AD 值与电压呈线性对应关系，系统中最高的电压值为 3.3V，与 4096 对应。假设 PA6 感受到的电压对应的 AD 值为 z，则：

$$\frac{y}{z}=\frac{3.3}{4096} \tag{2-3}$$

联立两式，消去 y，得到关于 x 的表达式：

$$x=\frac{10240000}{1.1\times z}-2500 \tag{2-4}$$

图 2-33　光敏电阻

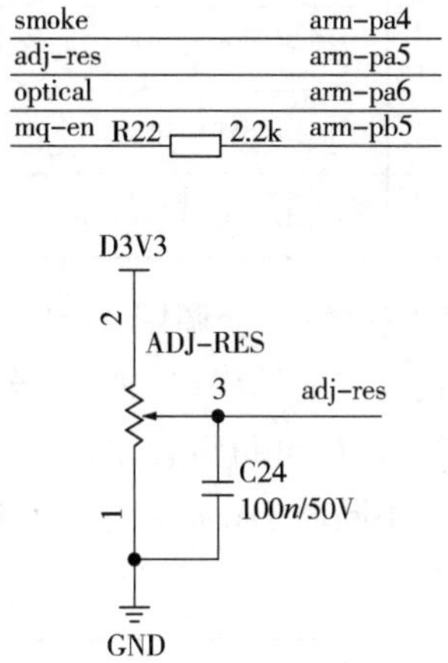

图 2-34　光敏电阻电路图

使用 ADC 得到 z 以后，就可以根据式(2-4)算出光敏电阻的值了。

光照度程序编写思路：在主函数中初始化 ADC 之后，死循环内无须处理，等到 ADC 转换数据完毕以后，将会触发一个中断。在中断函数中，调用函数得到转换的结果，再根据推导的公式，由 AD 值算出电阻值。光照度程序编写思路流程图如图 2-35 所示。

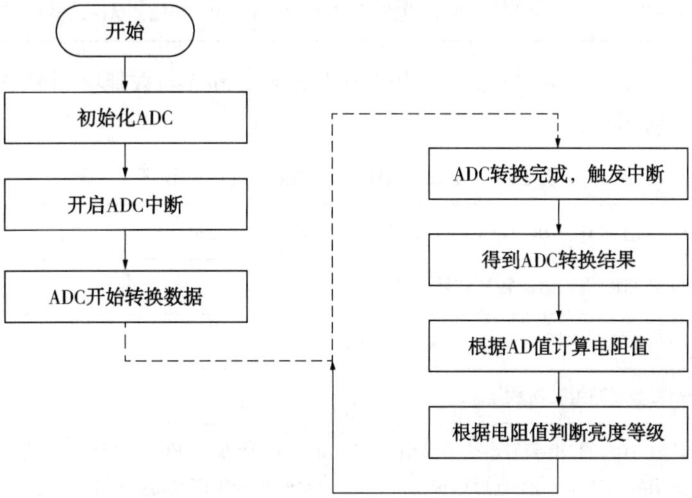

图 2-35　光照度程序编写思路流程图

如果用手遮挡光敏电阻，或者用手电筒照射光敏电阻，可以看到光敏电阻的阻值会有较大变化。用手遮挡光敏电阻时的环境，定义为暗(dark)；室内照明定义为明亮(lightful)；手电筒照耀定义为刺眼(dazzling)。然后根据电阻值判断光照度的等级。

与串口收发函数类似，开启ADC也有3种方式：轮询、中断与DMA，对应函数为HAL_ADC_Start、HAL_ADC_Start_IT、HAL_ADC_Start_DMA。本节使用中断方式，开启ADC的函数，具体见表2-7。

表2-7　HAL_ADC_Start_IT 函数解析

函数名称	HAL_StatusTypeDef HAL_ADC_Start_IT(ADC_HandleTypeDef * hadc)
函数描述	使能ADC，以中断的方式开启规则组的转换
参数	hadc：ADC句柄
返回值	HAL：状态

当AD采集完以后，会调用ADC转换的中断服务回调函数HAL_ADC_ConvCpltCallback，它的名称、形式与之前的串口、定时器中断大同小异。实际上关于ADC的中断回调函数不止一个，常见的ADC回调函数如表2-8所示。它们的参数一致，都是ADC的句柄，只是应用场合不同。中断与DMA都是非阻塞模式。

表2-8　ADC的回调函数

函数名称	功　能
HAL_ADC_ConvCpltCallback	在非阻塞模式下，转换完成的回调函数(Conversion complete callback)
HAL_ADC_ConvHalfCpltCallback	在非阻塞模式下，DMA转换一半的回调函数(Conversion DMA half-transfer callback)
HAL_ADC_LevelOutOfWindowCallback	在非阻塞模式下，模拟看门狗回调函数
HAL_ADC_ErrorCallback	在非阻塞模式下(带有中断或DMA传输的ADC转换)，ADC错误回调函数

调用HAL_ADC_GetValue(ADC_HandleTypeDef * hadc)函数能够得到ADC转换的结果，函数说明如表2-9所示。

表2-9　HAL_ADC_GetValue()函数说明

函数名称	uint32_t HAL_ADC_GetValue(ADC_HandleTypeDef * hadc)
函数描述	得到ADC规则组的转换结果
参数	hadc：ADC句柄
返回值	ADC：规则组转换数据
注意	读取ADC的DR寄存器会自动清除ADC的EOC标志位(EOC：ADC规则组单次转换结束的标志) 此函数不清除ADC的EOS标志位(EOS：ADC规则组序列转换结束的标志)

1. 使用 STM32CubeMX 配置 ADC1

在 STM32CubeMX 中将 PA6 引脚配置为 ADC1 的通道 6，如图 2-36 所示。

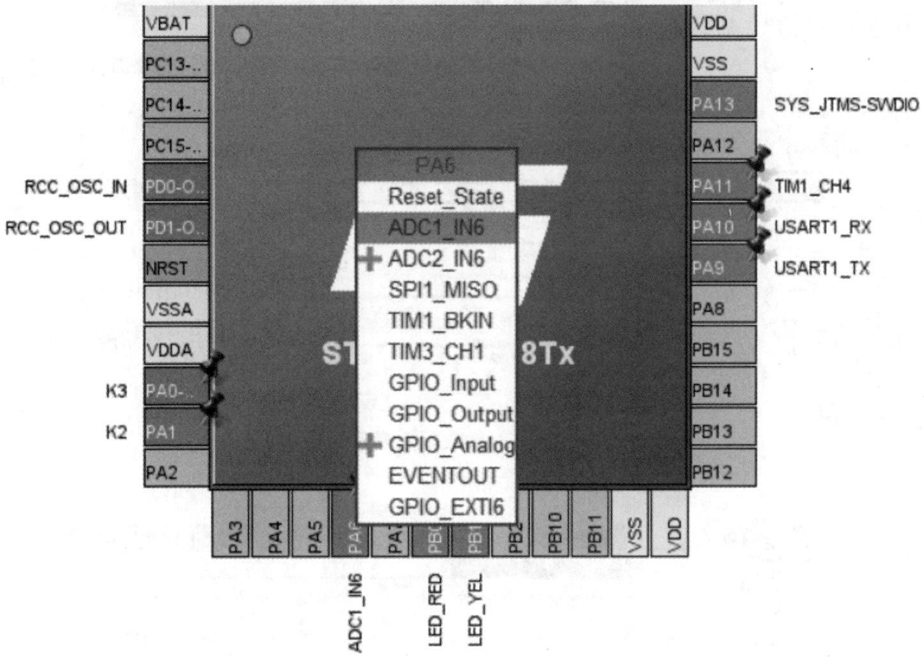

图 2-36 配置引脚操作示意图

STM32F1 的 ADC 使用的时钟最高只有 14MHz，因此要在时钟配置界面下对 ADC 进行 6 分频，消除紫色报错，得到 12MHz 的时钟，如图 2-37 所示。

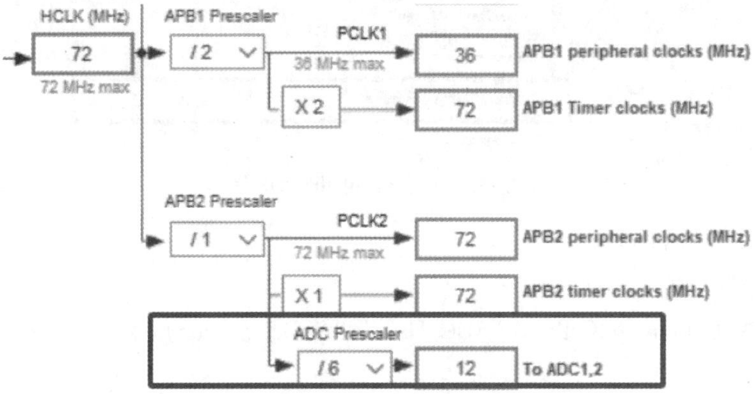

图 2-37 配置 ADC 时钟为 12MHz 操作示意图

ADC1 参数配置操作示意图如图 2-38 所示。

开启全局中断示意图如图 2-39 所示。

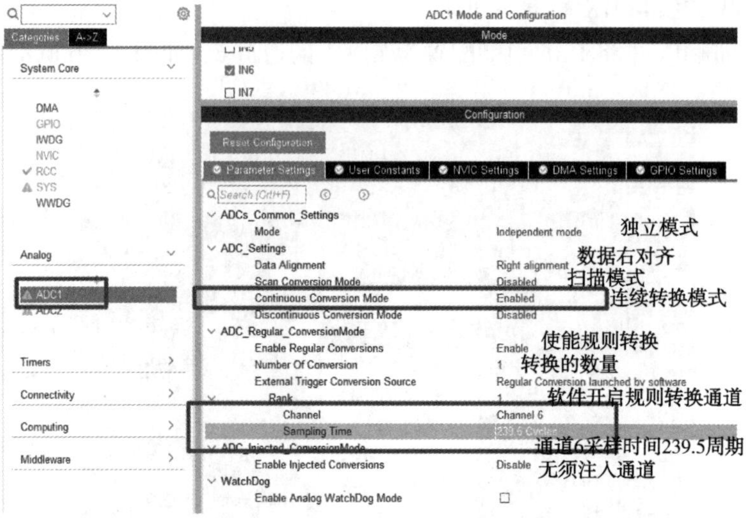

图 2-38　ADC1 参数配置操作示意图

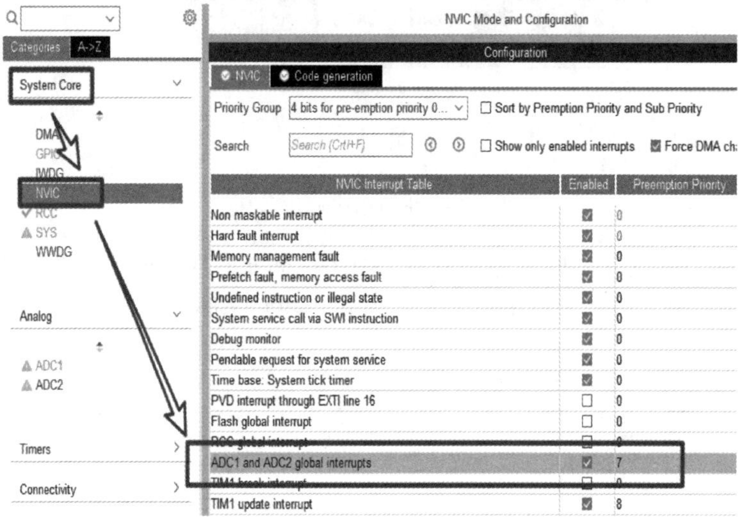

图 2-39　开启全局中断示意图

2. AD 中断函数的编写

```
#include "ADC. h"
void HAL_ADC_ConvCpltCallback(ADC_HandleTypeDef * hadc)  //
{
  if(hadc==(&hadc1))
  {
    //获取 AD 值
    uint32_t AD_Value=HAL_ADC_GetValue(&hadc1);
    //根据 AD 值计算光敏电阻值，计算公式与电路相关
```

```
    uint32_t PhotoResistor=(uint32_t)(10240000/(1.1 * AD_Value)-2500);
    //串口打印采样结果
    printf("The AD value is %d£ ¬ the PhotoResistor is %d.", AD_Value, PhotoResistor);
    if(PhotoResistor > DARK_VAL)
      printf("   Dark. \ r\ n");
    else if(PhotoResistor < DAZZLING_VAL)
      printf("   Dazzling. \ r\ n");
    else
      printf("lightful. \ r\ n");
  }
}
```

主函数

```
//main.c
static void MX_ADC1_Init(void)
{
HAL_ADCEx_Calibration_Start(&hadc1); //AD 校准
HAL_ADC_Start_IT(&hadc1); //开启 ADC1 中断
}
```

图 2-40 为串口打印 AD 现象，数据内容为 AD 与计算出来的光敏电阻值。

根据电阻值可以判断当前的光照等级，不同等级的光敏电阻值可能有较大差异。

【例 2-16】 多通道 AD 数据的 DMA 搬运。

1. 使用 STM32CubeMX 配置 DMA

使能 AD 的采集引脚 PA2~PA7，它们对应的通道为输入通道 2~7。除了 PA6 以外，其他的引脚并没有连接设备，处于悬空状态，它们的电平状况是不可预知的，有时会作为随机数的种子，此处作为预留的通道，仅用于演示 DMA 的多通道。管脚配置示意图如图 2-41 所示。

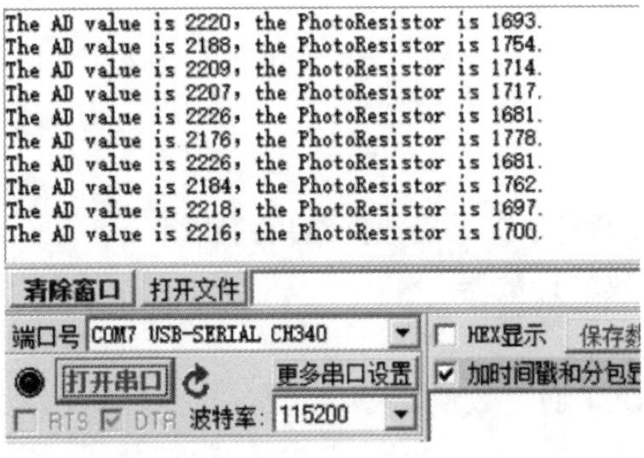

图 2-40 串口打印显示界面

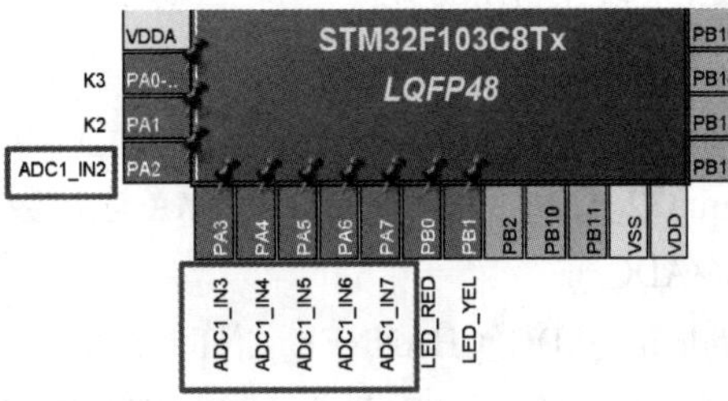

图 2-41 管脚配置示意图

在 System Core 中选择 ADC1。将需要转换的通道参数配置为 6 个，扫描模式自动使能，如图 2-42 所示。

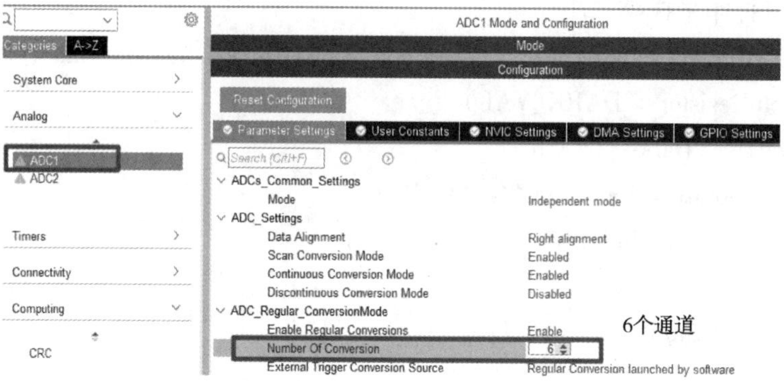

图 2-42　通道设置示意图

修改通道顺序与采样时间操作示意图如图 2-43 所示。

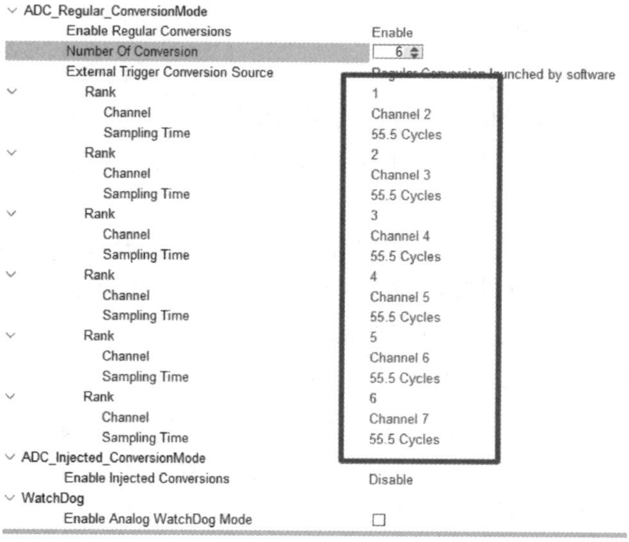

图 2-43　修改通道顺序与采样时间操作示意图

设置 DMA 参数操作示意图如图 2-44 所示。

2. 实现 DMA 功能

```
//ADC.c
uint32_t AD_Buf[ADC_CHANNEL_CNT]; //暂存 AD 采集数据结果的数组
uint32_t DMA_CNT=0; //DMA 搬运数据次数的计数器
//ADC.h
#define ADC_CHANNEL_CNT      6      //ADC1 通道数量
extern uint32_t AD_Buf[ADC_CHANNEL_CNT];
extern uint32_t DMA_CNT;
static void MX_ADC1_Init(void)
```

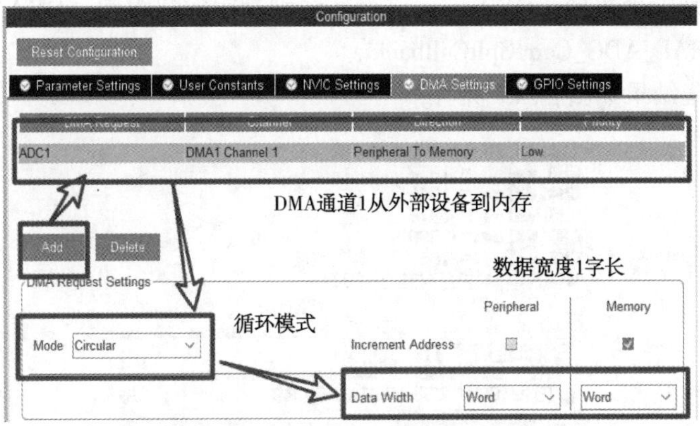

图 2-44　设置 DMA 参数操作示意图

```
{
  /* USER CODE BEGIN ADC1_Init  2  */
  HAL_ADCEx_Calibration_Start(&hadc1);    //AD 校准
HAL_ADC_Start_DMA(&hadc1, (uint32_t *)AD_Buf, ADC_CHANNEL_CNT);    //
开启 ADC1 的 DMA 通道
/* USER CODE END ADC1_Init 2 */
}
//ADC.c
  void HAL_ADC_ConvCpltCallback(ADC_HandleTypeDef * hadc)
{
  if(hadc==(&hadc1))
  {
    DMA_CNT++;
  }
}
//main.cmain()
while(1)
{
HAL_Delay(1000);
for(int i=0; i<ADC_CHANNEL_CNT; i++)   //循环打印 ADC1 各通道的值
printf("CH%d value=%d \n", i+2, AD_Buf[i]);
printf("DMA 搬运数据的次数是 %d. \n", DMA_CNT);
DMA_CNT=0;
}
```

以上数据通道 6 是光敏电阻的 AD 值，在不同光照度下应略有变化，每秒 DMA 的搬运次数为 29745 次，每次搬运用时 33.6μs。理论计算，DMA 每次搬运用时为 68×6÷12=34μs，每次 ADC 转换得到 1 个数据，DMA 就会立刻搬运到指定的数组中，DMA 搬运完一组数据，会调用回调函数 HAL_ADC_ConvCpltCallback。

DMA 数据采集结果如图 2-45 所示。

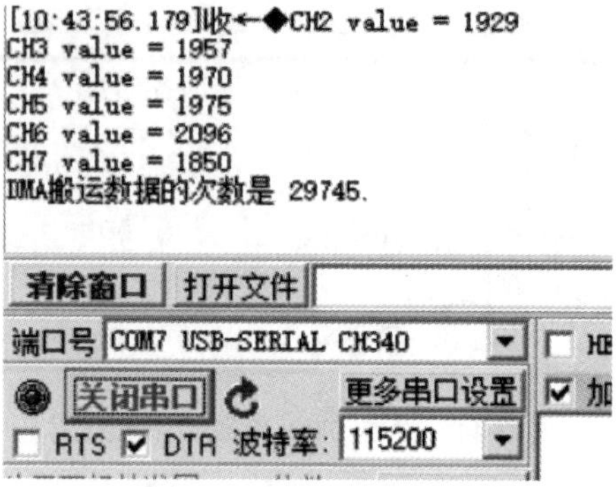

图 2-45　DMA 数据采集结果

【例 2-17】 DMA 数据滤波。

```
//ADC.c
uint32_t AD_Buf[ADC_DMA_BUF_LEN]；//暂存 AD 采集数据结果的数组
uint32_t ADC1_AVG_Buf[ADC_CHANNEL_CNT]；//暂存算数平均后的 DMA 采集数据
uint8_t DMA_Flag=0；//DMA 处理完成标志
//ADC.h
#define ADC_DMA_BUF_LEN        600          //6 个通道，每个通道使用 100 个数据
extern uint32_t AD_Buf[ADC_DMA_BUF_LEN]；
extern uint32_t ADC1_AVG_Buf[ADC_CHANNEL_CNT]；
extern uint8_t DMA_Flag;
```

在主函数的死循环内，添加按键状态检测，先按下按键，再开启 ADC 的 DMA 传输功能。

注意，ADC 的初始化函数中不要开启 DMA，也不用开启中断。

```
//mian.c mian()
  while(1)
  {
    if(KeyFlag)
    {
      HAL_ADC_Start_DMA(&hadc1，(uint32_t *)AD_Buf，ADC_DMA_BUF_LEN)；
//开启 ADC1 的 DMA 通道
      KeyFlag=0；
    }
  }
```

```
//ADC.c
 void HAL_ADC_ConvCpltCallback(ADC_HandleTypeDef * hadc)
{
   if(hadc==(&hadc1))
   {
     Get_ADC_Avg();
     HAL_ADC_Stop_DMA(&hadc1);      //关闭 ADC1 的 DMA 通道
     DMA_CNT++;
     DMA_Flag=1;
   }
 }

 //ADC.c
 /**
   * @brief 获取不同通道的平均值
   * @param None
   * @retval None
   */
 void Get_ADC_Avg()
 {
   //储存某个通道 100 个数据的累加结果，32 位储存 100 个 16 位数据不会溢出
   uint32_t ADC1_SUM_Buf[ADC_CHANNEL_CNT]={0};
   //遍历 DMA 搬运结果数组，计算某通道累加结果
   for(int i=0; i < ADC_DMA_BUF_LEN; i++)
     ADC1_SUM_Buf[i%ADC_CHANNEL_CNT]+=AD_Buf[i];
   //遍历累加数组，算出某通道的平均数
   for(int j=0 ; j < ADC_CHANNEL_CNT; j++)
     ADC1_AVG_Buf[j]=ADC1_SUM_Buf[j]/100;
 }

 //main.c   main()
   while(1)
   {
     if(DMA_Flag)
     {
       for(int i=0; i<ADC_CHANNEL_CNT; i++)
         printf("CH%d value=%d \n", i+2, ADC1_AVG_Buf[i]);
```

```
            uint32_t PhotoResistor = (uint32_t)(10240000/(1.1 * ADC1_AVG_Buf[4]) - 2500);
            //串口打印采样结果
            printf("The AD value is %d, the PhotoResistor is %d . \r\n", ADC1_AVG_Buf[4], PhotoResistor);
            printf("The DMA count is %d . \r\n", DMA_CNT);
            DMA_Flag=0;
        }
    }
```

串口打印多通道 AD 数据现象如图 2-46 所示。

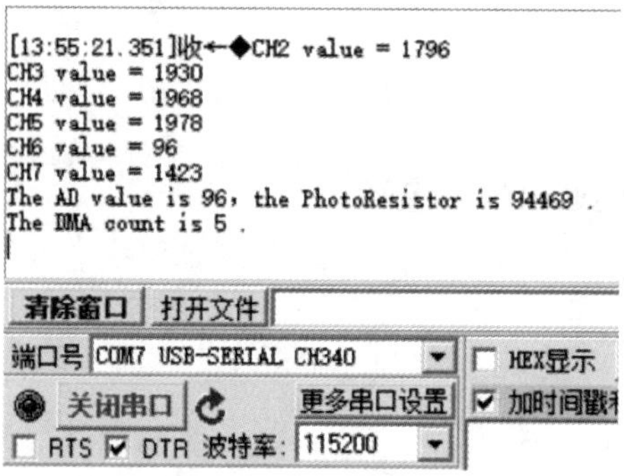

图 2-46　串口打印多通道 AD 数据现象

第 3 章　嵌入式实例训练项目

3.1　基于 STM32 的 PID 温控系统设计

3.1.1　PID 控制算法概述

PID(比例-积分-微分)控制器是一种用于调节系统的控制器，广泛应用于温控系统。PID 控制器的基本公式是：

$$U(t) = K_p \cdot e(t) + K_i \cdot \int e(t)\mathrm{d}t + K_d \cdot \frac{\mathrm{d}e(t)}{\mathrm{d}t} \tag{3-1}$$

式中，$e(t)$为误差(设定值与测量值的差)；K_p 为比例增益；K_i 为积分增益；K_d 为微分增益。

3.1.2　电路原理图

主要组件：

- 温度传感器(例如 LM35)
- MOSFET(用于控制加热器)
- STM32F103ZET6(微控制器)
- ADC(用于读取传感器信号)
- PWM(用于控制加热器)

电路原理图见附图 1，以下是电路原理图的简要说明：

温度传感器 LM35：Vout 引脚连接到 STM32 的 ADC 输入(如 PA0)。Vcc 和 GND 分别连接到+5V 和地。

加热器控制：MOSFET 的栅极连接到 STM32 的 PWM 输出引脚(如 TIM2 的通道 1)。MOSFET 的源极接地，漏极连接到加热器的一端，另一端连接到+5V 电源。

3.1.3　程序代码

```
#include "stm32f1xx_hal.h"


// PID 参数定义
#define Kp 1.0
#define Ki 0.1
```

```
#define Kd 0.01

//全局变量
float setpoint=25.0;     //设定温度(目标值)
float temperature=0.0; //当前温度
float integral=0.0;     //积分项
float last_error=0.0; //上次误差

// ADC 句柄
extern ADC_HandleTypeDef hadc1;
// PWM 句柄
extern TIM_HandleTypeDef htim2;

//读取温度函数
float read_temperature(){
    HAL_ADC_Start(&hadc1);
  HAL_ADC_PollForConversion(&hadc1, HAL_MAX_DELAY);
    uint32_t adc_value=HAL_ADC_GetValue(&hadc1);
    HAL_ADC_Stop(&hadc1);

    //假设 ADC 值与温度的转换关系是线性的,例如每个单位对应 0.1°C
    return adc_value * 0.1;
}

// PID 控制计算函数
float PID_control(float setpoint, float temperature){
    float error=setpoint-temperature;
    integral+=error;
    float derivative=error-last_error;
    last_error=error;

    return Kp * error+Ki * integral+Kd * derivative;
}

int main(void){
    HAL_Init();
```

```
    //初始化 ADC 和 PWM
    MX_ADC1_Init();
    MX_TIM2_Init();

    while(1){
        //读取温度
        temperature=read_temperature();

        //计算 PID 控制信号
        float control_signal=PID_control(setpoint, temperature);

        //限制控制信号范围
        if(control_signal > 1000)control_signal=1000;
        if(control_signal < 0)control_signal=0;

        //应用 PWM 信号来调节加热器
__HAL_TIM_SET_COMPARE(&htim2, TIM_CHANNEL_1, (uint32_t)control_signal);

        HAL_Delay(1000); //每秒更新一次
    }
}
```

程序说明：

头文件和宏定义：

#include "stm32f1xx_hal.h"：引入 STM32 HAL 库头文件。

#define Kp 1.0，#define Ki 0.1，#define Kd 0.01：定义 PID 参数。

全局变量：

float setpoint=25.0：设定目标温度。

float temperature=0.0：当前测量温度。

float integral=0.0：PID 积分项。

float last_error=0.0：上次计算的误差。

读取温度函数：

float read_temperature()：从 ADC 读取值并转换为温度。假设 ADC 值线性映射到温度。

PID 计算函数：

float PID_control(float setpoint, float temperature)：计算 PID 控制信号。包括比例、积分和微分项的计算。

主程序：

HAL_Init()：初始化 HAL 库。

MX_ADC1_Init()和 MX_TIM2_Init()：初始化 ADC 和 PWM。

循环中读取温度、计算 PID 控制信号，并应用 PWM 信号来调节加热器。

初始化函数：

```
void MX_ADC1_Init(void){
    ADC_ChannelConfTypeDef sConfig={0};

    /** Configure ADC1 in continuous mode and enable it */
    hadc1.Instance=ADC1;
    hadc1.Init.ScanConvMode=ADC_SCAN_DISABLE;
    hadc1.Init.ContinuousConvMode=ENABLE;
    hadc1.Init.DiscontinuousConvMode=DISABLE;
    hadc1.Init.ExternalTrigConv=ADC_SOFTWARE_START;
    hadc1.Init.DataAlign=ADC_DATAALIGN_RIGHT;
    hadc1.Init.NbrOfConversion=1;
    HAL_ADC_Init(&hadc1);

    sConfig.Channel=ADC_CHANNEL_0;
    sConfig.Rank=ADC_REGULAR_RANK_1;
    sConfig.SamplingTime=ADC_SAMPLETIME_1CYCLE_5;
    HAL_ADC_ConfigChannel(&hadc1, &sConfig);
}

void MX_TIM2_Init(void){
    TIM_OC_InitTypeDef sConfigOC={0};

    htim2.Instance=TIM2;
    htim2.Init.Prescaler=0;
    htim2.Init.CounterMode=TIM_COUNTERMODE_UP;
    htim2.Init.Period=1000-1; // Adjust PWM period
    htim2.Init.ClockDivision=TIM_CLOCKDIVISION_DIV1;
    HAL_TIM_PWM_Init(&htim2);

    sConfigOC.OCMode=TIM_OCMODE_PWM1;
    sConfigOC.Pulse=0;
    sConfigOC.OCPolarity=TIM_OCPOLARITY_HIGH;
    sConfigOC.OCNPolarity=TIM_OCNPOLARITY_HIGH;
    sConfigOC.OCIdleState=TIM_OCIDLESTATE_RESET;
```

```
    sConfigOC.OCNIdleState=TIM_OCNIDLESTATE_RESET;
    HAL_TIM_PWM_ConfigChannel(&htim2, &sConfigOC, TIM_CHANNEL_1);

    HAL_TIM_PWM_Start(&htim2, TIM_CHANNEL_1);
}
```

3.2 基于 STM32 的 FFT 频谱分析系统

3.2.1 系统组成

硬件部分：

(1) STM32 微控制器(例如 STM32F103C8T6)；

(2) 模拟信号源(例如信号发生器或传感器)；

(3) ADC(用于信号采集)；

(4) 显示模块(例如 LCD 或 OLED 显示屏)；

(5) 电源管理模块。

软件部分：STM32 固件程序(包括 ADC 采集、FFT 算法、结果显示)。

3.2.2 电路原理图

详细的电路原理图见附图 2，以下是电路原理图的简要说明：

信号采集电路：

(1) 模拟信号源(例如传感器)连接到 STM32 的 ADC 输入通道；

(2) 传感器的输出接到 ADC 输入，电源接 STM32 的 3.3V 电源，GND 接地。

显示模块：LCD 或 OLED 显示模块通过 I2C 或 SPI 接口连接到 STM32，用于显示频谱数据。

3.2.3 程序设计及解释

为了实现 FFT，建议使用外部 FFT 库，如 arm_math.h(CMSIS-DSP 库)中的 FFT 实现。以下是一个使用 CMSIS-DSP 库进行 FFT 分析的基本示例代码：

1. 初始化代码

```
#include "stm32f1xx_hal.h"
#include "arm_math.h"
#include "lcd.h" //假设你使用一个 LCD 库

//FFT 设置
#define FFT_SIZE 256
#define SAMPLE_RATE 1000 //采样率为 1000Hz
```

```
//数据缓冲区
float32_t input[FFT_SIZE];
float32_t output[FFT_SIZE];
float32_t fftOutput[FFT_SIZE * 2]; // FFT 结果(实部和虚部)

// ADC 句柄
ADC_HandleTypeDef hadc1;

// LCD 显示
void LCD_Display(float32_t *data, uint16_t size);

void SystemClock_Config(void);
static void MX_GPIO_Init(void);
static void MX_ADC1_Init(void);

int main(void){
    HAL_Init();
    SystemClock_Config();
    MX_GPIO_Init();
    MX_ADC1_Init();
    LCD_Init(); //初始化 LCD

    arm_cfft_instance_f32 S;
    arm_cfft_init_f32(&S, FFT_SIZE);

    while(1){
        //采集数据
        for(uint16_t i=0; i < FFT_SIZE; i++){
            HAL_ADC_Start(&hadc1); //启动 ADC 转换
            HAL_ADC_PollForConversion(&hadc1, HAL_MAX_DELAY); // 等待转换
完成
            input[i]=(float32_t)HAL_ADC_GetValue(&hadc1); //获取 ADC 值
            HAL_ADC_Stop(&hadc1); //停止 ADC 转换
        }

        // FFT 变换
```

```
        arm_copy_f32(input, fftOutput, FFT_SIZE); //复制输入数据到 FFT 输入
        arm_cfft_f32(&S, fftOutput, 0, 1); //执行 FFT 变换
        arm_cmplx_mag_f32(fftOutput, output, FFT_SIZE); //计算 FFT 幅度谱

        //显示频谱数据
        LCD_Display(output, FFT_SIZE);

        HAL_Delay(1000); //延迟 1s
    }
}

// ADC 初始化
static voidMX_ADC1_Init(void){
    ADC_ChannelConfTypeDef sConfig={0};

    /**配置 ADC 参数 */
    hadc1.Instance=ADC1;
    hadc1.Init.ScanConvMode=ADC_SCAN_DISABLE;
    hadc1.Init.ContinuousConvMode=DISABLE;
    hadc1.Init.DiscontinuousConvMode=DISABLE;
    hadc1.Init.ExternalTrigConv=ADC_SOFTWARE_START;
    hadc1.Init.DataAlign=ADC_DATAALIGN_RIGHT;
    hadc1.Init.NbrOfConversion=1;
    HAL_ADC_Init(&hadc1);

    /**配置 ADC 通道 */
    sConfig.Channel=ADC_CHANNEL_0;
    sConfig.Rank=ADC_REGULAR_CHANNEL;
  sConfig.SamplingTime=ADC_SAMPLETIME_1CYCLE_5;
    HAL_ADC_ConfigChannel(&hadc1, &sConfig);
}

// LCD 显示函数
void LCD_Display(float32_t *data, uint16_t size){
    char buffer[32];
    LCD_Clear();
    for(uint16_t i=0; i < size; i++){
```

```
        sprintf(buffer,"Freq %d Hz:%.2f", i * SAMPLE_RATE / FFT_SIZE, data[i]);
        LCD_DisplayString(buffer);
        HAL_Delay(100); //延迟显示
    }
}
```

2. 程序说明

包含头文件:

#include "stm32f1xx_hal.h": 包含 STM32 HAL 库头文件。

#include "arm_math.h": 包含 CMSIS-DSP 库头文件。

#include "lcd.h": 包含 LCD 显示库(假设你使用了 LCD 库)。

FFT 设置:

#define FFT_SIZE 256: FFT 变换的大小(采样点数)。

#define SAMPLE_RATE 1000: 采样率(Hz)。

数据缓冲区:

float32_t input[FFT_SIZE]: 存储 ADC 采样数据。

float32_t output[FFT_SIZE]: 存储 FFT 幅度谱数据。

float32_t fftOutput[FFT_SIZE * 2]: 存储 FFT 的复数输出(实部和虚部)。

ADC 初始化:

配置 ADC 参数并选择通道 0 进行采样。

主循环:

采集数据: 通过 ADC 采样填充 input 数组。

执行 FFT 变换: 将数据输入 arm_cfft_f32 函数, 计算 FFT。

计算幅度谱: 使用 arm_cmplx_mag_f32 计算 FFT 的幅度谱。

显示频谱数据: LCD_Display 函数用于在 LCD 上显示 FFT 结果。

ADC 初始化函数:

MX_ADC1_Init(): 配置 ADC 为单次转换模式, 通道 0 为输入通道, 配置为右对齐。

LCD 显示函数:

LCD_Display(): 显示频谱数据的幅度。每次显示一段数据, 显示频率按采样率计算。

3.3 基于 CMSIS-DSP 库的数字频率计

3.3.1 电路原理图设计

电路原理图见附图 3, 电路原理图要点如下:

(1) 信号输入部分: 使用一个模拟前置放大器(例如运算放大器)来放大输入信号。可能需要低通滤波器来去除高频噪声。

(2) STM32F1 微控制器: 选择适合需求的 STM32F1 型号, 例如 STM32F103C8T6。配置定

时器(Timer)来计数信号周期。配置外部中断引脚(EXTI)或输入捕捉功能来处理频率信号。

(3) 显示模块：使用GPIO或串行接口(如I2C)连接到LCD或其他显示器件。

3.3.2 程序设计和代码详细解释

下面是一个基于STM32F1和CMSIS-DSP库的数字频率计的简单程序示例，包含注释解释每行代码的功能。程序主要负责计数频率并将结果显示出来。

1. 代码示例

```
#include "stm32f1xx_hal.h"
#include "arm_math.h"

//计时器句柄和输入捕捉句柄
TIM_HandleTypeDef htim1;
TIM_HandleTypeDef htim2;

//变量用于存储频率计数值
volatile uint32_t frequency_count=0;
volatile uint32_t last_capture=0;
volatile uint32_t period=0;

//初始化定时器
void Timer_Init(void){
    __HAL_RCC_TIM1_CLK_ENABLE();
    __HAL_RCC_TIM2_CLK_ENABLE();

    //配置TIM1用于输入捕捉
    htim1.Instance=TIM1;
    htim1.Init.Prescaler=0;
    htim1.Init.CounterMode=TIM_COUNTERMODE_UP;
    htim1.Init.Period=0xFFFF;
    htim1.Init.ClockDivision=TIM_CLOCKDIVISION_DIV1;
    HAL_TIM_Base_Init(&htim1);

    TIM_IC_InitTypeDef sConfigIC={0};
    sConfigIC.ICPolarity=TIM_ICPOLARITY_RISING;
    sConfigIC.ICSelection=TIM_ICSELECTION_DIRECTTI;
    sConfigIC.ICPrescaler=TIM_ICPSC_DIV1;
    sConfigIC.ICFilter=0;
```

```
    HAL_TIM_IC_ConfigChannel(&htim1, &sConfigIC, TIM_CHANNEL_1);

    //配置 TIM2 用于定时测量
    htim2.Instance=TIM2;
    htim2.Init.Prescaler=71; // 1 MHz 计时器时钟
    htim2.Init.CounterMode=TIM_COUNTERMODE_UP;
    htim2.Init.Period=9999; // 10ms 计时
    htim2.Init.ClockDivision=TIM_CLOCKDIVISION_DIV1;
    HAL_TIM_Base_Init(&htim2);
    HAL_TIM_Base_Start(&htim2);
}

//中断处理函数
void TIM1_CC_IRQHandler(void){
    if(__HAL_TIM_GET_FLAG(&htim1, TIM_FLAG_CC1)! =RESET){
        if(__HAL_TIM_GET_IT_SOURCE(&htim1, TIM_IT_CC1)! =RESET){
            __HAL_TIM_CLEAR_IT(&htim1, TIM_IT_CC1);
            uint32_t capture=HAL_TIM_ReadCapturedValue(&htim1, TIM_CHANNEL_1);
            period=capture-last_capture;
            last_capture=capture;
            frequency_count=1000000 / period; //计算频率(假设定时器时钟为 1 MHz)
        }
    }
}

//主函数
int main(void){
    HAL_Init();
    Timer_Init();

    //主循环
    while(1){
        //更新显示或其他处理
        //这里需要将 frequency_count 传递到显示模块
        HAL_Delay(100); // 100ms 的延时
    }
}
```

2. 程序说明

(1) 包含头文件。

```
#include "stm32f1xx_hal.h"
#include "arm_math.h"
```

stm32f1xx_hal.h：STM32F1 系列的 HAL 库头文件。

arm_math.h：CMSIS-DSP 库的头文件。

(2) 全局变量定义。

```
TIM_HandleTypeDef htim1;
TIM_HandleTypeDef htim2;
volatile uint32_t frequency_count = 0;
volatile uint32_t last_capture = 0;
volatile uint32_t period = 0;
```

htim1 和 htim2：定时器句柄。

frequency_count：存储频率值。

last_capture 和 period：用于存储输入捕捉和计算周期。

(3) 定时器初始化函数。

```
void Timer_Init(void) {
    __HAL_RCC_TIM1_CLK_ENABLE();
    __HAL_RCC_TIM2_CLK_ENABLE();

    //配置 TIM1 用于输入捕捉
    htim1.Instance = TIM1;
    htim1.Init.Prescaler = 0;
    htim1.Init.CounterMode = TIM_COUNTERMODE_UP;
    htim1.Init.Period = 0xFFFF;
    htim1.Init.ClockDivision = TIM_CLOCKDIVISION_DIV1;
    HAL_TIM_Base_Init(&htim1);

    TIM_IC_InitTypeDef sConfigIC = {0};
    sConfigIC.ICPolarity = TIM_ICPOLARITY_RISING;
    sConfigIC.ICSelection = TIM_ICSELECTION_DIRECTTI;
    sConfigIC.ICPrescaler = TIM_ICPSC_DIV1;
    sConfigIC.ICFilter = 0;
    HAL_TIM_IC_ConfigChannel(&htim1, &sConfigIC, TIM_CHANNEL_1);

    //配置 TIM2 用于定时测量
    htim2.Instance = TIM2;
```

```
        htim2.Init.Prescaler=71;
        htim2.Init.CounterMode=TIM_COUNTERMODE_UP;
        htim2.Init.Period=9999;
        htim2.Init.ClockDivision=TIM_CLOCKDIVISION_DIV1;
        HAL_TIM_Base_Init(&htim2);
        HAL_TIM_Base_Start(&htim2);
}
```

启用 TIM1 和 TIM2 的时钟。

配置 TIM1 为输入捕捉模式，用于测量输入信号的周期。

配置 TIM2 为定时器，用于定时中断触发和计算频率。

(4) 输入捕捉中断处理函数。

```
void TIM1_CC_IRQHandler(void){
if(__HAL_TIM_GET_FLAG(&htim1, TIM_FLAG_CC1)!=RESET){
            if(__HAL_TIM_GET_IT_SOURCE(&htim1, TIM_IT_CC1)!=RESET){
                __HAL_TIM_CLEAR_IT(&htim1, TIM_IT_CC1);
                uint32_t capture=HAL_TIM_ReadCapturedValue(&htim1, TIM_CHANNEL_1);

                period=capture-last_capture;
                last_capture=capture;
                frequency_count=1000000/period; //计算频率(假设定时器时钟为 1 MHz)
            }
        }
}
```

检查并清除 TIM1 的捕捉中断标志。

读取捕捉值并计算周期。

计算频率并更新'frequency_count'。

(5) 主函数。

```
int main(void){
  HAL_Init();
    Timer_Init();

    //主循环
    while(1){
        //更新显示或其他处理
        //这里需要将 frequency_count 传递到显示模块
        HAL_Delay(100); // 100ms 的延时
    }
```

}

初始化 HAL 库和定时器。

在主循环中，周期性地处理显示或其他任务。

3.4 基于 STM32 的电力参数采集系统

3.4.1 系统组成

硬件部分：

（1）STM32 微控制器（STM32F1）；

（2）电流传感器（ACS712）；

（3）电压传感器（ZMPT101B）；

（4）LCD 显示模块（OLED）；

（5）电源管理模块。

软件部分：STM32 固件程序（包括 ADC 采集、数据处理和显示）。

电路原理图见附图 4，以下是电路原理图的简要说明：

电流测量电路：

（1）ACS712 电流传感器的输出接到 STM32 的 ADC 输入。

（2）传感器的 VCC 接 STM32 的 3.3V 电源，GND 接地。

电压测量电路：

（1）ZMPT101B 电压传感器的输出接到 STM32 的 ADC 输入。

（2）传感器的 VCC 接 STM32 的 3.3V 电源，GND 接地。

显示模块：LCD 模块通过 I2C 接口连接到 STM32。

3.4.2 程序设计及解释

以下是一个基本的程序示例，涵盖了电流、电压和功率的测量和显示。使用了 STM32 HAL 库和 LCD 库。

1. *初始化代码*

```
#include "stm32f1xx_hal.h"
#include "lcd.h" //假设你使用一个 LCD 库

// ADC 句柄
ADC_HandleTypeDef hadc1;

// LCD 显示
void LCD_Display(float voltage, float current, float power);
```

```
void SystemClock_Config(void);
static void MX_GPIO_Init(void);
static void MX_ADC1_Init(void);

int main(void){
    HAL_Init();
    SystemClock_Config();
    MX_GPIO_Init();
    MX_ADC1_Init();
    LCD_Init(); //初始化 LCD

    while(1){
        HAL_ADC_Start(&hadc1); // 启动 ADC 转换
        HAL_ADC_PollForConversion(&hadc1, HAL_MAX_DELAY); //等待转换完成
        uint32_t adcValue=HAL_ADC_GetValue(&hadc1); //获取 ADC 值
        HAL_ADC_Stop(&hadc1); //停止 ADC 转换

        //将 ADC 值转换为电压
        float voltage=(adcValue / 4096.0) * 3.3; // 假设 ADC 分辨率为 12 位，电源
电压为 3.3V

        //电流和功率计算(假设传感器灵敏度已知)
        float current=(voltage-2.5)/ 0.185; //假设 ACS712 传感器灵敏度为 185mV/A
        float power=voltage * current; //功率=电流 * 电压

        //显示结果
        LCD_Display(voltage, current, power);

        HAL_Delay(1000); //延迟 1s
    }
}

// ADC 初始化
static void MX_ADC1_Init(void){
    ADC_ChannelConfTypeDef sConfig={0};

    /** 配置 ADC 参数 */
```

```
    hadc1. Instance = ADC1;
    hadc1. Init. ScanConvMode = ADC_SCAN_DISABLE;
    hadc1. Init. ContinuousConvMode = DISABLE;
    hadc1. Init. DiscontinuousConvMode = DISABLE;
    hadc1. Init. ExternalTrigConv = ADC_SOFTWARE_START;
    hadc1. Init. DataAlign = ADC_DATAALIGN_RIGHT;
    hadc1. Init. NbrOfConversion = 1;
    HAL_ADC_Init( &hadc1 );

    /* * 配置 ADC 通道 */
    sConfig. Channel = ADC_CHANNEL_0;
    sConfig. Rank = ADC_REGULAR_CHANNEL;
    sConfig. SamplingTime = ADC_SAMPLETIME_1CYCLE_5;
    HAL_ADC_ConfigChannel( &hadc1, &sConfig);
}

// LCD 显示函数
void LCD_Display( float voltage, float current, float power) {
    char buffer[32];
    LCD_Clear( );
    sprintf( buffer, "V:%. 2f V", voltage);
    LCD_DisplayString( buffer);
    sprintf( buffer, "I:%. 2f A", current);
    LCD_DisplayString( buffer);
    sprintf( buffer, "P:%. 2f W", power);
    LCD_DisplayString( buffer);
}
```

2. 程序说明

包含头文件:

#include "stm32f1xx_hal. h": 包含 STM32 HAL 库头文件。

#include "lcd. h": 包含 LCD 显示库(假设你使用了 LCD 库)。

ADC 初始化:

MX_ADC1_Init( ): 配置 ADC, 设置为单次转换模式, 选择通道 0, 右对齐数据。

主循环:

HAL_ADC_Start(&hadc1): 启动 ADC 转换。

HAL_ADC_PollForConversion(&hadc1, HAL_MAX_DELAY): 等待 ADC 转换完成。

HAL_ADC_GetValue(&hadc1): 获取 ADC 值。

HAL_ADC_Stop(&hadc1)：停止 ADC 转换。

电压转换：float voltage=(adcValue / 4096.0) * 3.3；计算电压值。假设 ADC 分辨率为 12 位，电源电压为 3.3V。

电流计算：float current=(voltage-2.5)/ 0.185；计算电流值。假设 ACS712 传感器灵敏度为 185mV/A，2.5V 为零点电压。

功率计算：float power=voltage * current；计算功率值。

显示结果：LCD_Display(voltage，current，power)；使用 LCD 显示电压、电流和功率值。

HAL_Delay(1000)：延迟 1s，以便每秒更新一次数据。

LCD 显示函数：

LCD_Display()：在 LCD 上显示电压、电流和功率数据，使用 sprintf()格式化字符串，LCD_DisplayString()显示字符串。

第4章　EDA设计基础

4.1　EDA技术概述

4.1.1　EDA技术

EDA技术是一门发展迅速的新技术。它以大规模可编程逻辑器件为设计载体，以硬件描述语言为系统逻辑描述的主要表达方式，以计算机、大规模可编程逻辑器件的开发软件及实验开发系统为设计工具。利用软件的方式设计电子系统，自动完成硬件系统的逻辑编译、逻辑化简、逻辑分割、逻辑综合及优化、逻辑布局布线、逻辑仿真，最后在特定的目标芯片中完成适配编译、逻辑映射、编程下载等工作，形成集成电子系统或专用集成芯片。利用EDA技术进行电子系统的设计具有以下几个特点。

（1）用软件的方式设计硬件电路系统；

（2）用软件的方式设计的系统到硬件系统的转换完全由开发软件自动完成的；

（3）设计过程中可用有关软件，如QUARTUS、VIVADO等进行功能及时序仿真；

（4）系统可现场编程，在线升级；

（5）整个系统可集成在一个芯片上，体积小、功耗低、可靠性高。

因此，EDA技术是现代电子设计的发展趋势，是数字系统设计的核心技术，是电子类专业技术人员必须掌握的基本技能之一。

4.1.2　Verilog语言

Verilog HDL是硬件描述语言的一种，可用于从算法级、门级到开关级的多种抽象设计层次的数字系统设计。被设计数字系统的复杂性可以介于简单的门电路与完整的数字系统之间。

Verilog HDL语言具有如下的描述能力：数字系统的行为特性的描述、数字系统的数据流特性的描述以及数字系统的结构组成的描述等。它在系统设计中有两部分，即综合语言和验证语言。此外，Verilog HDL语言提供了编程语言接口，通过该接口可以在模拟、验证期间从设计外部访问设计，包括模拟的具体控制和运行。

Verilog HDL语言不仅定义了语法，而且对每个语法结构都定义了清晰的模拟、仿真语义。因此，用这种语言编写的模型能够使用Verilog仿真器进行验证。Verilog HDL语言从C编程语言中继承了多种操作符和结构，此外，它还提供了扩展的建模能力，其中许多扩展最初是很难理解的。但是，Verilog HDL语言的核心子集非常易于学习和使用，这对多数人建模应用来说已经足够了。当然，完整的硬件描述语言足以对从最复杂的芯片到完整的电子系统进行描述。

Verilog HDL 的发展历史：

（1）1981 年，Gateway Automation(GDA)硬件描述语言公司成立；

（2）1983 年，该公司的 Philip Moorby 首创了 Verilog HDL，Moorby 后来成为 Verilog HDL-XL 的主要设计者和 Cadence 公司的第一合伙人；

（3）1984—1985 年，Moorby 设计出第一个关于 Verilog HDL 的仿真器；

（4）1986 年，Moorby 对 Verilog HDL 的发展又做出另一个巨大的贡献，即提出了用于快速门级仿真的 XL 算法；

（5）随着 Verilog HDL-XL 的成功，Verilog HDL 语言得到迅速发展；

（6）1987 年，Synonsys 公司开始使用 Verilog HDL 行为语言作为综合工具的输入方式；

（7）1989 年，Cadence 公司收购了 Gateway 公司，Verilog HDL 成为 Cadence 公司的私有财产；

（8）1990 年初，Cadence 公司把 Verilog HDL 和 Verilog HDL-XL 分开，并公开发布了 Verilog HDL。随后成立的 OVI(Open Verilog HDL International)组织负责 Verilog HDL 的发展，OVI 由 Verilog HDL 的使用和 CAE 供应商组成，制定标准；

（9）1993 年，几乎所有 ASIC 厂商都开始支持 Verilog HDL，并且认为 Verilog HDL-XL 是最好的仿真器，同时，OVI 推出 2.0 版本的 Verilog HDL 规范，IEEE 接受将 OVI 的 Verilog HDL2.0 作为 IEEE 标准的提案；

（10）1995 年 12 月，IEEE 制定了 Verilong HDL 的标准 IEEE1364—1995。

4.2 Quartus 软件及设计流程

4.2.1 Quartus 软件介绍

Quartus 是 Intel 公司开发的具有综合性 CPLD/FPGA 开发软件，它可实现原理图、VHDL、Verilog HDL 以及 AHDL(Altera Hardware Description Language)等多种设计输入形式，内嵌自有的综合器以及仿真器，可以完成从设计输入到硬件配置的完整 PLD 设计流程。

Quartus 可以在各操作系统上使用，如 Windows、Linux 以及 Unix 等，除了可以使用 Tcl 脚本完成设计流程外，还提供了完善的用户图形界面设计方式。具有运行速度快、界面统一、功能集中、易学易用等特点。

Quartus 支持 Intel 的 IP 核，包含了 LPM/MegaFunction 宏功能模块库，使用户可以充分利用成熟的模块，简化了设计的复杂性、加快了设计速度。对第三方 EDA 工具的良好支持也使用户可以在设计流程的各个阶段使用熟悉的第三方 EDA 工具。此外，Quartus Ⅱ通过和 DSP Builder 工具与 Matlab/Simulink 相结合，可以方便地实现各种 DSP 应用系统；支持 Altera 的片上可编程系统(SOPC)开发，集系统级设计、嵌入式软件开发、可编程逻辑设计于一体，是一种综合性的开发平台。

Quartus 作为一种可编程逻辑的设计环境，由于其强大的设计能力和直观易用的接口，越来越受数字系统设计者的欢迎。

4.2.2 Quartus 软件设计流程

Intel 公司的 Quartus 设计软件是非常完整的多平台设计工具，可以执行 HDL 的编辑、仿真、综合、布局、布线与 CPLD/FPGA 的烧录，等等。下面以 Quartus Prime18.0 Standard Edition 版本软件为例介绍 Quartus 的设计流程。

1. 建立工程

利用 Quartus 设计电路系统首先需要建立一个工程，步骤如下：

(1) 选取菜单选项 File—>New Project Wizard。

(2) 出现 New Project Wizard：Introduction 新建工程向导(图 4-1)，按 Next 键继续。

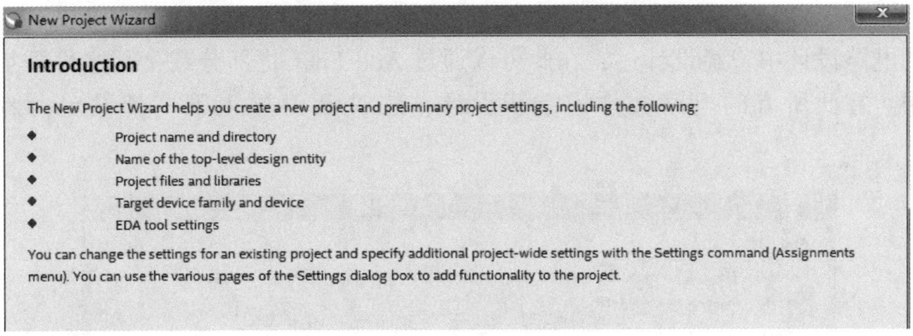

图 4-1　工程向导对话框

(3) 进入 New Project Wizard：Directory，Name，Top-Level Entity 对话框。

第一个文本对话框：填写工作目录，如果所填的目录路径不存在，Quartus 会自动建立；

第二个文本对话框：填写工程名称，工程名称中不能有汉字和非法字符；

第三个文本对话框：填写工程的顶层实体名。在此实体名的大小写是有区别的，所以必须与文件中实体名保持一致。如图 4-2 所示，按 Next 键继续。

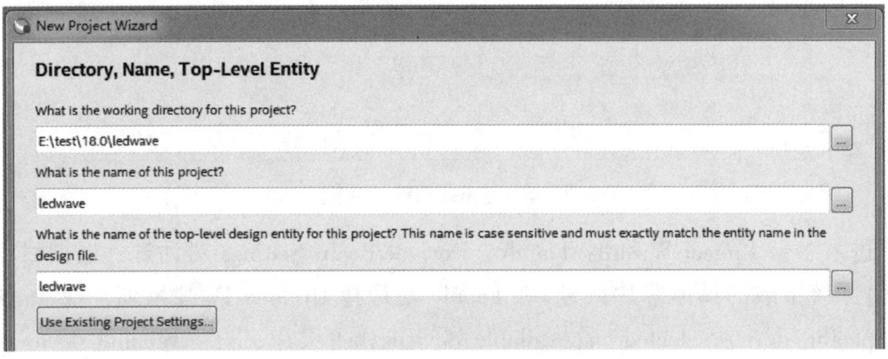

图 4-2　工程向导对话框

（4）进入 Project Type 对话框。此处有 Empty project 和 Project template 两个选项，其中 Empty project 的芯片、工具设置需要自行设计，而 Project template 是从现有的模板中创建工程。在此选择 Empty project，如图 4-3 所示。

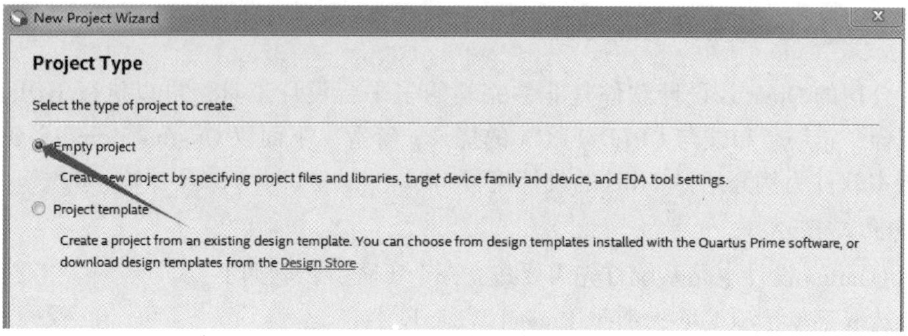

图 4-3　工程向导对话框

（5）进入 Add Files 对话框，如果新电路系统所需要的部分文件或全部文件，设计者在以前的电路设计中曾经设计过，在此可以通过 Add Files 将部分或全部文件添加到新电路系统中。在此所有的电路文件均重新设计，按 Next 键进入下一步设定，如图 4-4 所示。

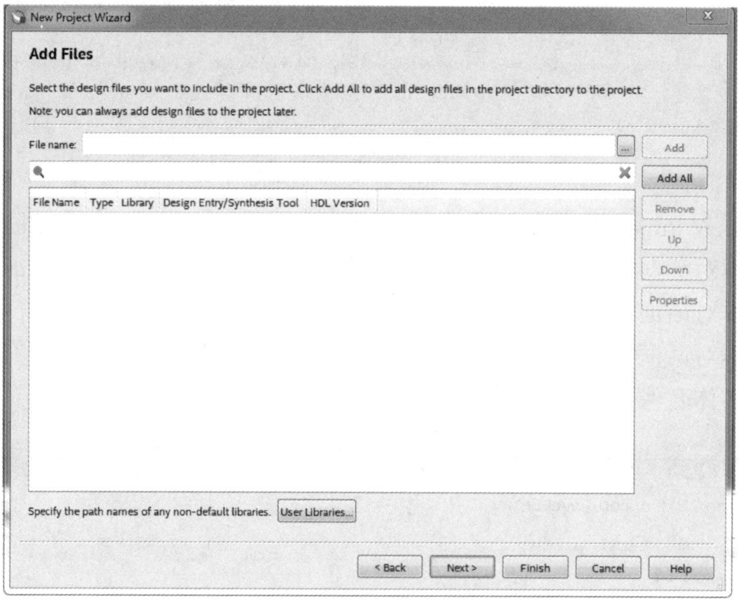

图 4-4　Add File 对话框

（6）进入 New Project Wizard：Family，Device&Board Settings 对话框，根据目标芯片的规格（设计系统下载的具体芯片型号）在 Family 处选择 Cyclone IV E 系列，在 Target device 处选择 Specific device selected in Available devices list 菜单，在 Available devices 处选择 EP4CE6E22C8，如图 4-5 所示。设定芯片完成后按 Next 键。

（7）进入 New Project Wizard：EDA Tool Settings 对话框，在 Simulation 对应的 Tool Name

栏位处，选择出 ModelSim-Altera，在对应的 Format(s)栏位选择 Verilog HDL，会在工程目录下产生内含 Modelsim 的 Simulation 目录。此项选择是要利用 Modelsim 软件进行电路系统仿真。如果选 None 可直接用 Quartus Ⅱ自带的仿真器进行仿真。其他工具软件直接选 None，如图 4-6 所示，按 Next 键继续。

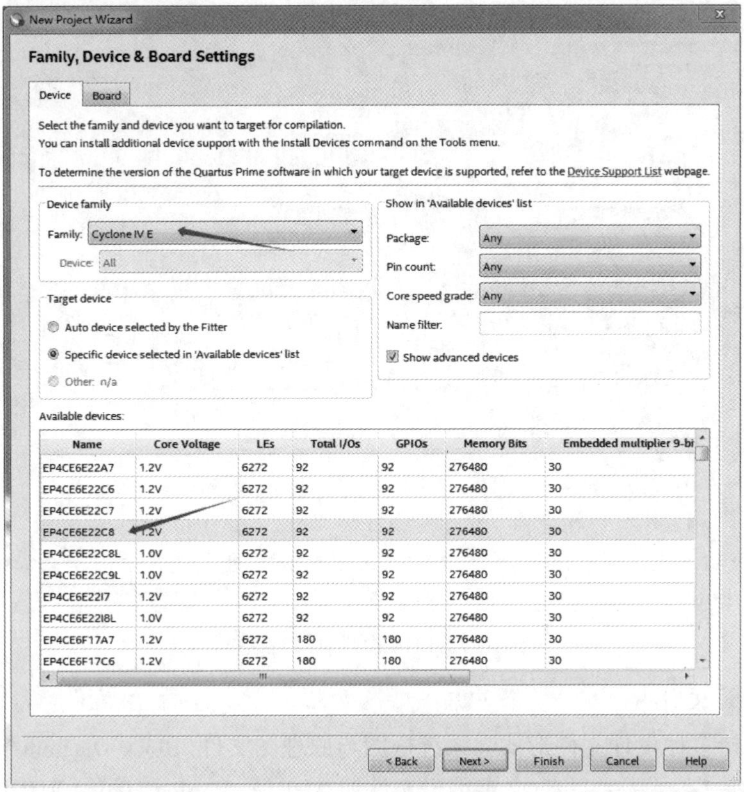

图 4-5　选择器件对话框

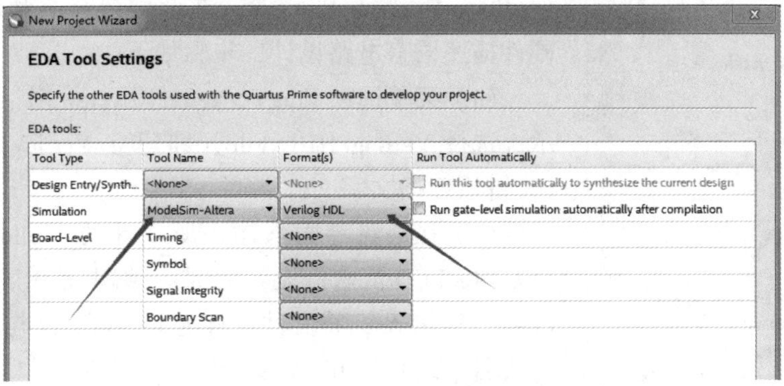

图 4-6　EDA 工具设置对话框

（8）进入 New Project Wizard：Summary 对话框，如图 4-7 所示，该对话框里面显示前期设定的所有内容，检查所有设定后按 Finish 键，工程“ledwave”建立完成。

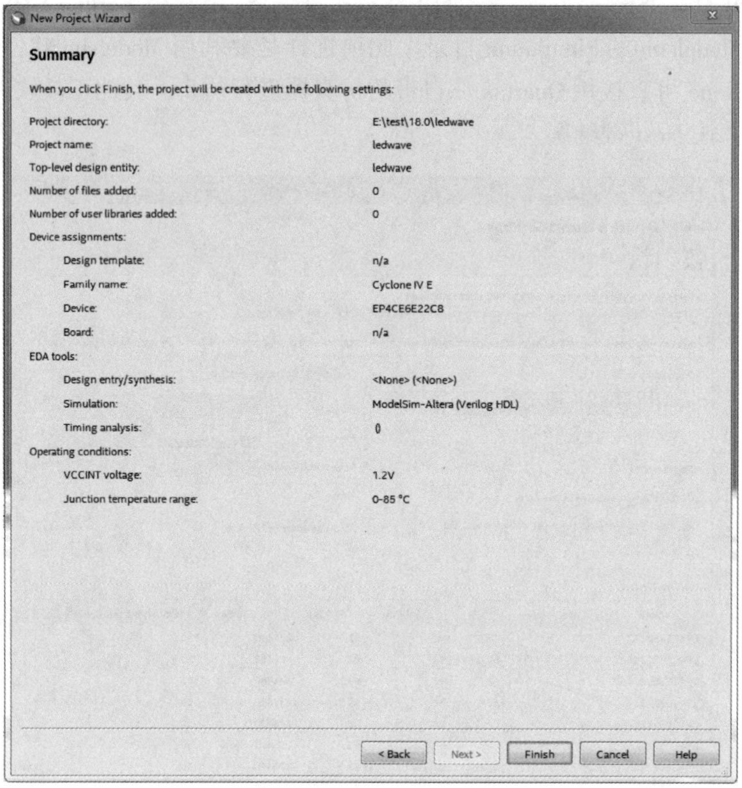

图 4-7　EDA 设置总结对话框

2. 建立设计文件

Quartus 支持多种设计文件形式：系统框图与原理图文件(Block Diagram/schematic file)，文字编辑文件如 AHDL、Verilog HDL、VHDL 或 SystemVerilog，EDA 综合工具生成的 EDIF 文件与状态机图形编辑文件(State Machine File)等。在此主要介绍利用 Verilog HDL 硬件描述语言电路设计，步骤如下。

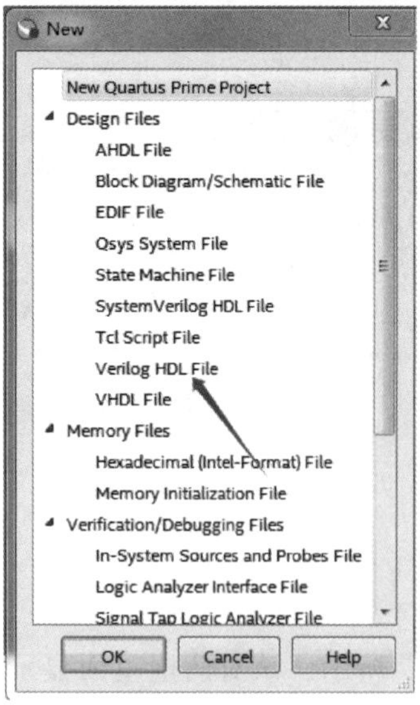

图 4-8　建立新的 Verilog 文件

(1) 菜单选项 File—>New 打开 New 对话框如图 4-8 所示，选择 Verilog HDL File，即建立 Verilog 设计文件，按 OK 键后新增文字文件。

(2) 在编辑界面下输入所设计的 Verilog HDL 源程序(以 4 位 LED 流水灯设计为例)，编辑完成后选取菜单选项 File—>Save As，将文件保存为 ledwave. v(与 module 后面的模块名一致)，如图 4-9 所示。

3. 分析与综合

Quartus 的编辑器(Compiler)执行程序包含：确认设计语法上是否有错误，综合逻辑电路根据所选用的 Altera FPGA 芯片来布局布线并产生可供仿真的输出文件，进行

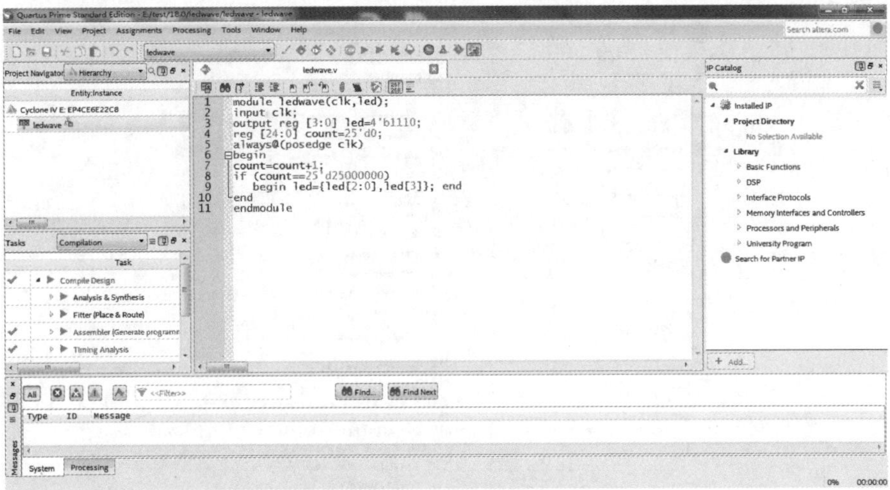

图 4-9 Verilog 文本编辑界面

时序分析等。Quartus 的编译步骤如下。

（1）在菜单选项 Assignments—>Settings 可以进行所有与编译相关的参数设定，可以让 FPGA 的资源利用最优化并缩短程序编译的时间。在此我们先略过这部分，直接进行编译。

（2）在菜单选项 Project—>Set as Top-Level Entity，将当前文件设置为顶层文件，以后均针对此文件进行操作，如图 4-10 所示。

（3）选取菜单选项 Processing—>Start Compilation 或按工具栏上的按钮。此时 Quartus Ⅱ 软件窗口的左侧 Tasks 窗口中会显示目前的进度，如图 4-11 所示。

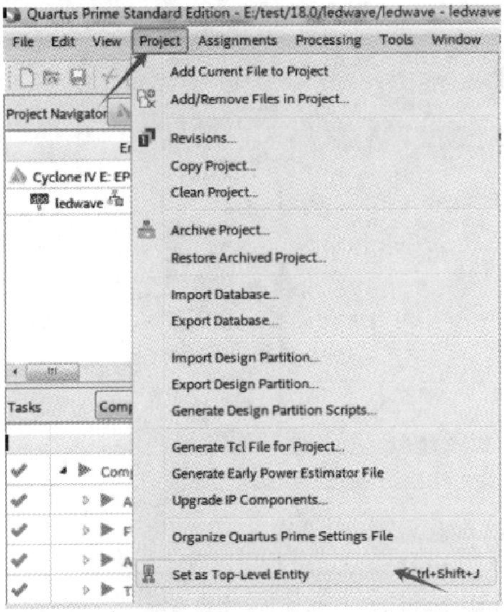

图 4-10 文件置顶操作窗口

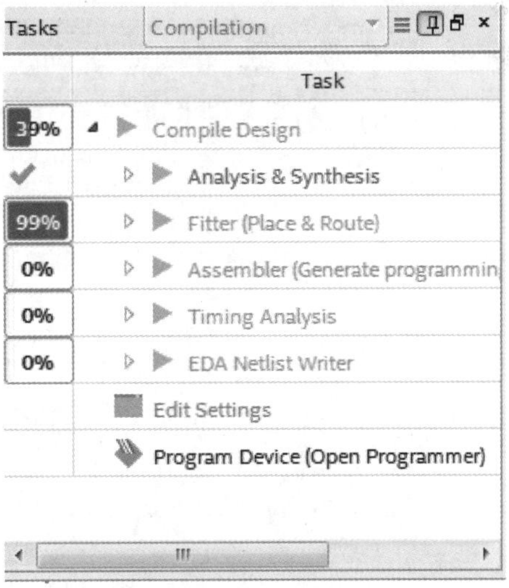

图 4-11 正在编译中的 Tasks 窗口

（4）若不想依次执行完整的编译流程，可以从菜单选项 Processing—>Start 内选择需要执行的任务，如图 4-12 所示。

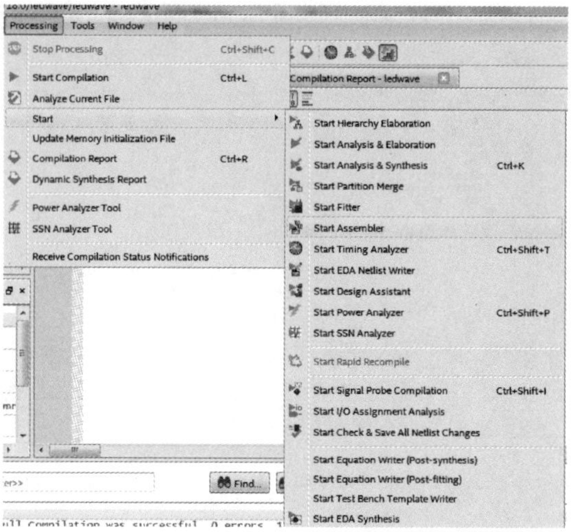

图 4-12 任务选择窗口

(5) 编译完成后，会出现 Full compilation was successful 信息框，在 Quartus 主窗口的右侧会显示编译结果，可以观察到 FPGA 的资源利用率。如果编译未完全通过，会在下面的 Message 窗口出现红色的报错提示信息，设计者根据错误提示信息修改程序中的语法错误，直至完全正确。

4. 仿真分析

(1) 仿真 Testbench 撰写。

选取菜单选项 Processing—>Start—>Start Test Bench Template Writer，系统会自动生成 Testbench 模版，如图 4-13 所示。

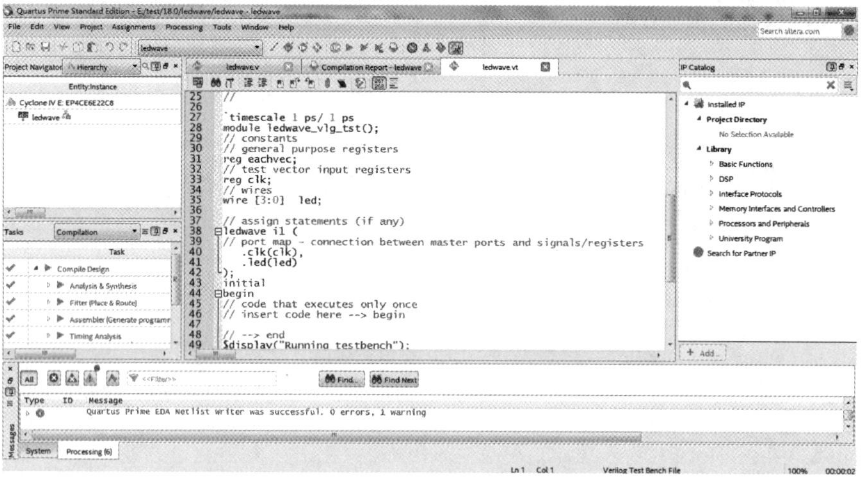

图 4-13 Testbench 模板编辑界面

在 Modelsim 文件夹中找到 ledwave. vt 文件，打开并在该编辑界面下编写仿真的 Testbench 程序，完成测试文件撰写后选取菜单选项 File—>Save As，将文件保存为 ledwave_vlg_tst. v。

（2）Testbench 设置。

在菜单选项 Assignments—>Settings 设置 EDA Tool Settings，如图 4-14 所示。选择 Test benchs 后，选择 New，进入 New Test Bench settings。①在 Test bench name 中输入刚编写的 Test bench 名称 ledwave_vlg_tst；②在 Top level module in test bench 中输入 Test bench 名称 ledwave_vlg_tst；③在 Test bench files 中找到 ledwave_vlg_tst. v 的目录，点击 Add 添加到 files 中。按 OK 键后退出设置。如图 4-15 所示。

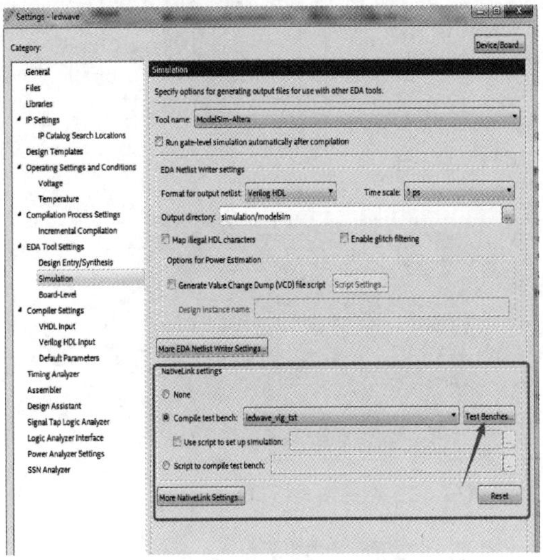

图 4-14　测试文件设置界面 1

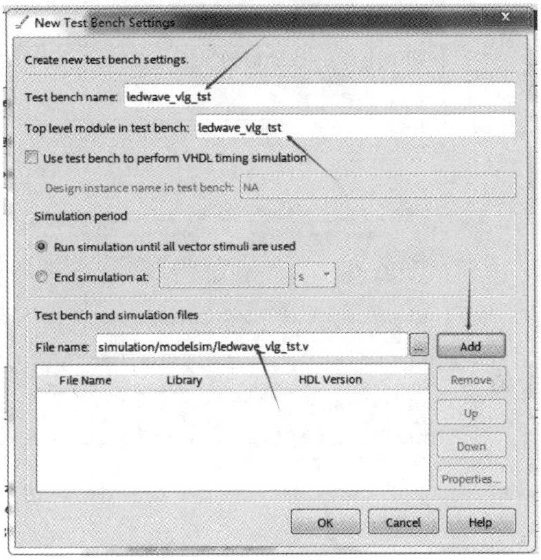

图 4-15　测试文件设置界面 2

（3）仿真。

在菜单选项 Tools—>Run EDA simulation Tool—>EDA RTL Simulation 软件中直接调用 Modelsim ALTERA，进入仿真界面，如图 4-16 和图 4-17所示，从仿真界面中可直接看出仿真结果，以验证系统设计的正确性。

5. 查看 RTL 图

在菜单选项 Tools—>Netlist Viewers—>RTL Viewer 中可查看程序设计的 RTL 电路图，如图 4-18 所示。

6. I/O 引脚的定义

在完成上述步骤之后，需要结合实验板与外围设备器件的引脚关系进行 I/O 引脚的定义，其定义的步骤如下：

选取菜单选项 Assignments—>Planner，可根据开发板的引脚情况进行引脚指定，如图 4-19所示。

选取菜单选项 Assignments—>Device，在 Device 对话框选择 Device and pin Options，选取右侧分类中的

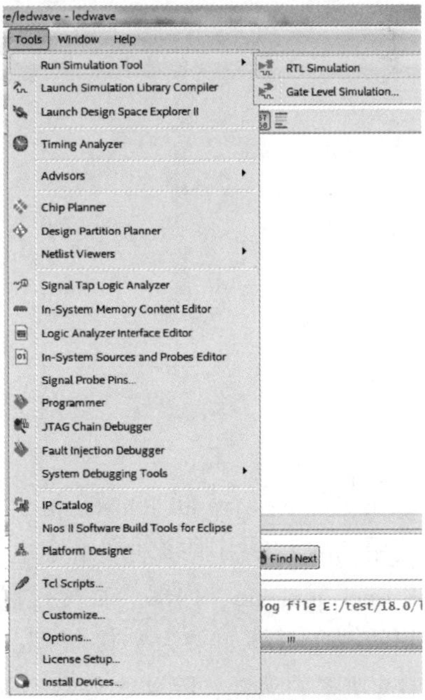

图 4-16　运行仿真工具

Unused Pins，确认 Reserve all unused pins 选择出 As input tri-stated，如图 4-20所示。

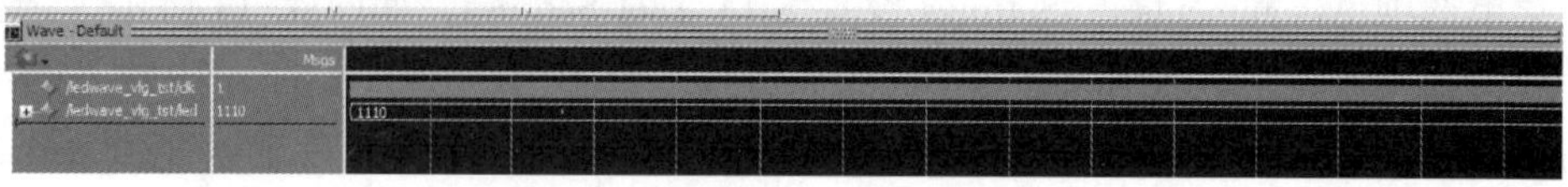

图 4-17　测试文件运行结果

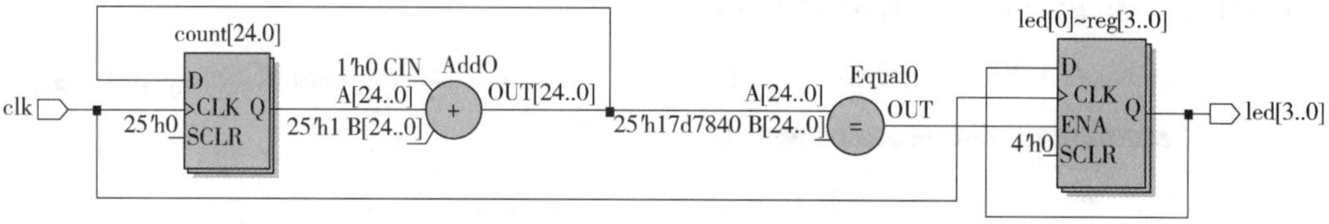

图 4-18　ledwave 的 RTL 电路图

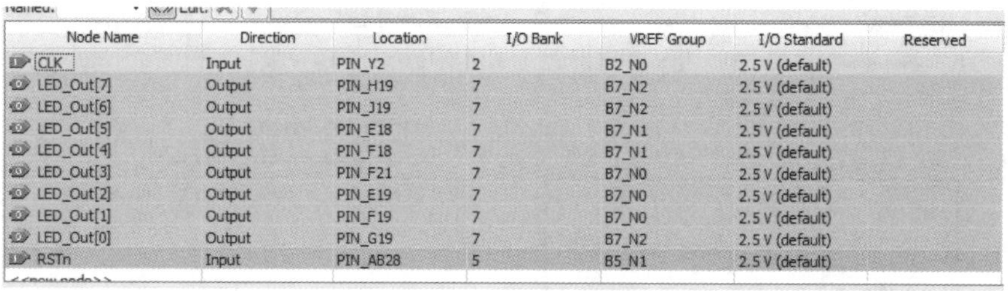

Node Name	Direction	Location	I/O Bank	VREF Group	I/O Standard	Reserved
CLK	Input	PIN_Y2	2	B2_N0	2.5 V (default)	
LED_Out[7]	Output	PIN_H19	7	B7_N2	2.5 V (default)	
LED_Out[6]	Output	PIN_J19	7	B7_N2	2.5 V (default)	
LED_Out[5]	Output	PIN_E18	7	B7_N1	2.5 V (default)	
LED_Out[4]	Output	PIN_F18	7	B7_N1	2.5 V (default)	
LED_Out[3]	Output	PIN_F21	7	B7_N0	2.5 V (default)	
LED_Out[2]	Output	PIN_E19	7	B7_N0	2.5 V (default)	
LED_Out[1]	Output	PIN_F19	7	B7_N0	2.5 V (default)	
LED_Out[0]	Output	PIN_G19	7	B7_N2	2.5 V (default)	
RSTn	Input	PIN_AB28	5	B5_N1	2.5 V (default)	

图 4-19　引脚设定窗口

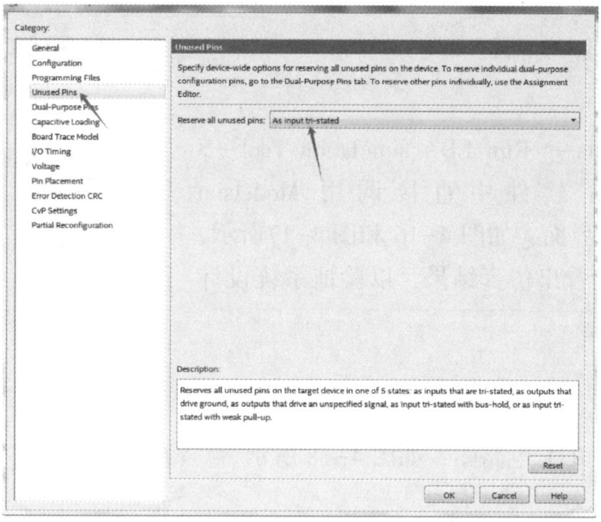

图 4-20　未使用引脚设定窗口

在此若 Reserve all unused pins 设定为 As input tri-stated，在 FPGA 开发板上就要将这些未使用到的 I/O 引脚接地或给定电压，避免空接状态。相对地，若设定为 As input tri-stated with weak pull-up，内部会直接拉高电位，并不需要在 FPGA 开发板上做实际的连线。未使用到的 I/O 引脚如果为空接状态，会造成输入晶体管没法运作在饱和区或截止区，增加 FPGA 功率的消耗，除此之外，空接的 I/O 引脚还会产生干扰信号的噪声。

关闭 Pin Planner 对话框，重新编译。

7. FPGA 的烧录

完成重新编译之后，利用 Quartus 软件对 FPGA 进行烧录，在此仅描述将比特流(bit stream)直接烧录到 FPGA 中的步骤：

(1) 以 USB 连线连接电脑与开发板的 USB Blaster，并将开发板接上电源。在第一次连接电脑与 USB Blaster 硬件时，需要对 USB Blaster 进行驱动，在此不详细叙述。

(2) 选取菜单选项 Tools-Programmer，打开烧录窗口 Programmer。

(3) 选取 Hardware Setup，打开 Hardware Setup 对话框，选择 Hardware Settings 页面，用鼠标在 Available hardware items 清单中双击 USB-Blaster，如图 4-21 所示，结果在 Currently selected hardware 右边会出现 USB-Blaster [USB-0]，按 Close 键继续。此时 Hardware Setup 对话框中的 Hardware Setup 的右边会有 USB-Blaster[USB-0]出现。

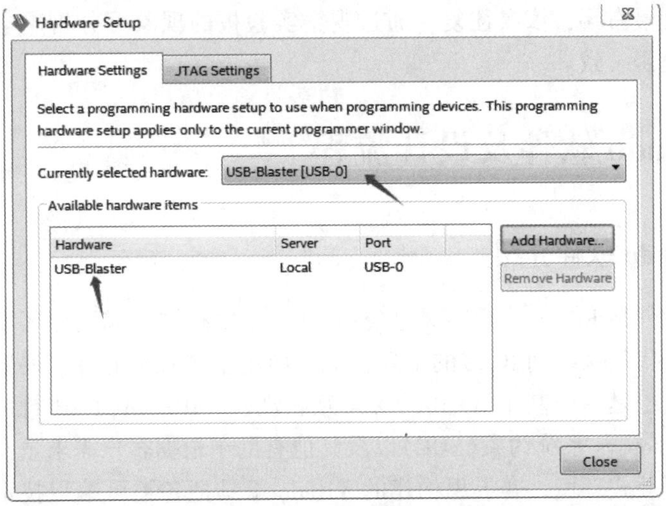

图 4-21 硬件设定窗口

确认开发板电源打开。从烧录窗口的 Add File 中加入烧录文件 ledwave. sof，并在要烧录文件项目的 Program/Configure 处勾选，如图 4-22 所示，再按 Start 键进行烧录，如图 4-23 所示。

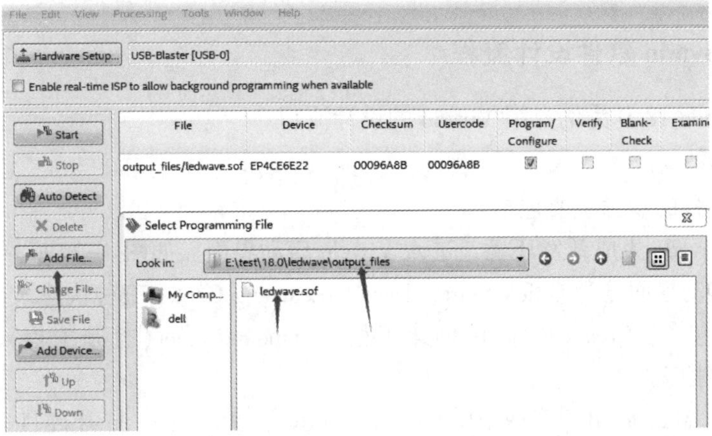

图 4-22 烧录文件添加

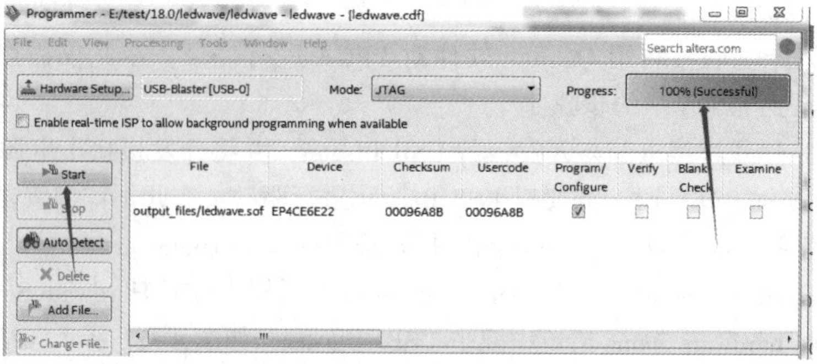

图 4-23　烧录完成

整的工程已设计完成，可以从开发板上观察实验现象，开发板上的四个 LED 从右向左依次点亮，再回到最右端，依次往复。通过观察实验板的现象可分析出电路设计的功能与系统的设计要求是否一致。

4.3　Vivado 软件及设计流程

4.3.1　Vivado 软件介绍

Vivado 设计软件是 FPGA 厂商赛灵思公司 2012 年发布的集成设计环境。包括高度集成的设计环境和新一代从系统到 IC 级的工具，这些均建立在共享的可扩展数据模型和通用调试环境基础上。这也是一个基于 AMBA AXI4 互联规范、IP-XACT IP 封装元数据、工具命令语言(TCL)、Synopsys 系统约束(SDC)以及其他有助于根据客户需求量身定制设计流程并符合业界标准的开放式环境。赛灵思构建的 Vivado 工具把各类可编程技术结合在一起，能够扩展多达 1 亿个等效 ASIC 门的设计。

Vivado 软件不仅支持通用 Tcl 脚本自动化设计流程，还提供直观的图形用户界面，使得设计过程既直观又高效。Vivado 以其快速的运行速度、一致的界面风格、集中的功能集以及易学易用的特性，为用户提供了卓越的设计体验和便捷的操作界面。

4.3.2　Vivado 软件设计流程

下面以 Vivado 18.0 为例介绍 Vivado 的设计流程。

1. 创建工程

创建设计工程的步骤主要包括：

(1) 启动 Vivado 集成开发环境，进入 Vivado 启动界面，如图 4-24 所示。

Vivado 的启动界面分为 Quick Start、Tasks、Learning Center 三种快速入口。其中：

Quick Start 包含：Create Project(创建工程)、Open Project(打开工程)、Open Example Project(打开实例工程)。

Tasks 包含：Manage IP(管理 IP)、Open Hardware Manager(打开硬件管理器)、Xilinx Tcl Store(Tcl 脚本存储库)。

Learning Center 包含：Documentation and Tutorials(文档和教程)、Quick Take Videos(快速上手视频)、Release Notes Guide(发布注释向导)。

单击 Quick Start 组的 Create Project 来新建一个 Vivado 设计工程。

(2)打开创建新工程的向导，出现 Create a New Vivado Project 对话框，如图 4-25 所示。单击 Next 按钮。

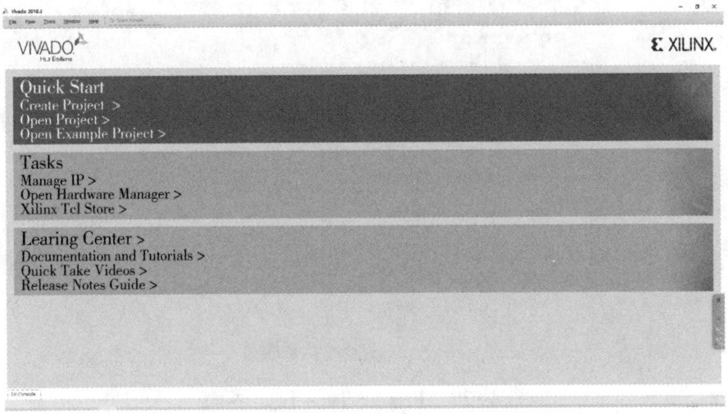

图 4-24　Vivado 集成开发环境的启动界面

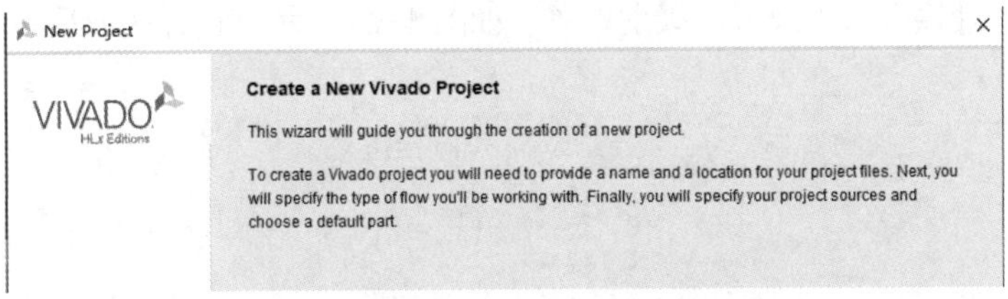

图 4-25　Vivado 创建工程导航界面

(3) 进入 Project Name 对话框，如图 4-26 所示。填入工程名称以及工程路径，根据实际情况确定是否勾选复选框 Create project subdirectory，如果勾选会在上面设置的工程路径中以工程名称增加一级目录，可通过观察勾选与否、实际工程存放的路径来理解该复选框的具体作用。此处需要注意：工程路径与工程名一定不能包含空格以及中文字符。单击 Next 按钮。

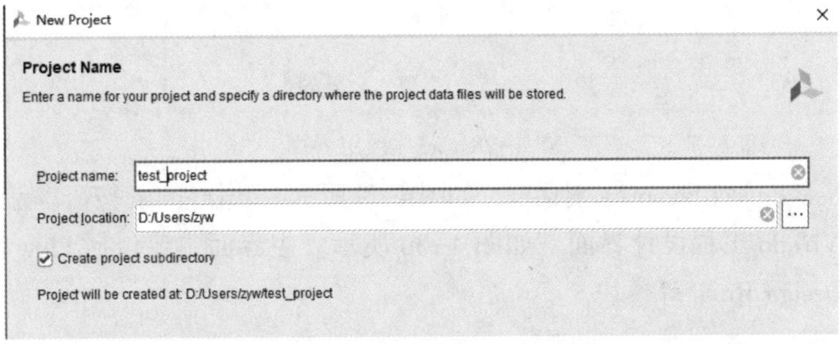

图 4-26　Vivado 创建工程 Project Name 界面

(4) 进入 Project Type 对话框，如图 4-27 所示。Vivado 工具可以创建多种不同类型的工程，如最常使用的 RTL 工程、综合后的网表工程、IO 规划工程以及导入其他设计工具的工程。在此选择 RTL 类型的工程，可以在创建工程的阶段进行设计文件的添加或创建，也可以在工程创建完成后进行设计文件的添加或创建。此处勾选下面的复选框 Do not specify sources at this time，不在设计创建阶段添加源文件。单击 Next 按钮。

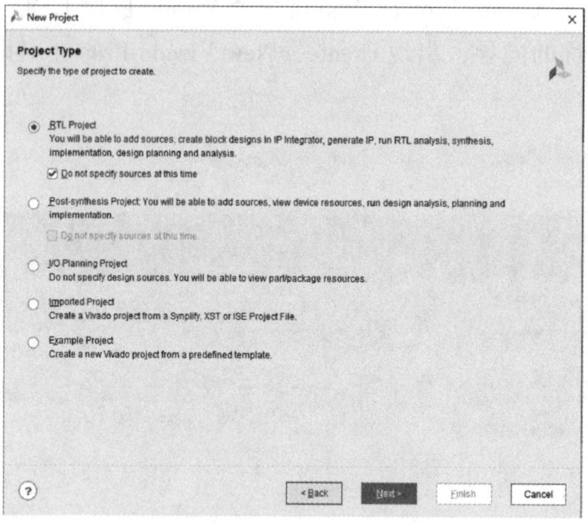

图 4-27　Project Type 设定界面

（5）进入 Select Device 对话框，在此选择 FPGA 芯片具体型号，可根据实验板所用 FPGA 的器件系列、封装、速度等级以及温度级别设置，如图 4-28 所示。选择完成后单击 Next 按钮。

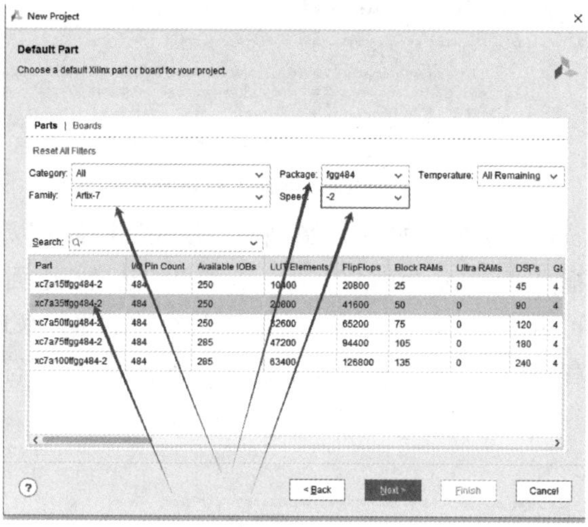

图 4-28　芯片设定界面

（6）进入 New Project Summary 对话框，如图 4-29 所示。单击 Finish 按钮，完成工程的创建。

（7）进入 Vivado 工程设计界面，如图 4-30 所示。主界面主要包括 Flow Navigator、Project Manager、Design Runs 等模块。

2. *源文件添加*

（1）在 Flow Navigator 下，找到 Project Manager 并展开，单击 Project Manager 下的 Add Sources 选项；或者在 Sources 面板下单击 Design Sources 按钮，再单击鼠标右键，出现菜单选择 Add Sources。Sources 面板如图 4-31 所示。

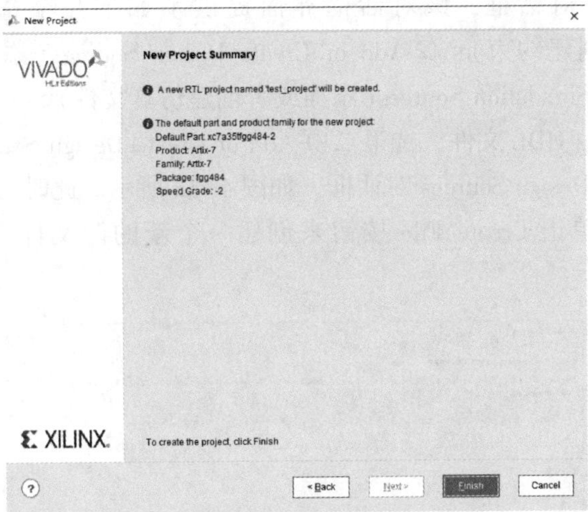

图 4-29　工程设计总结对话框

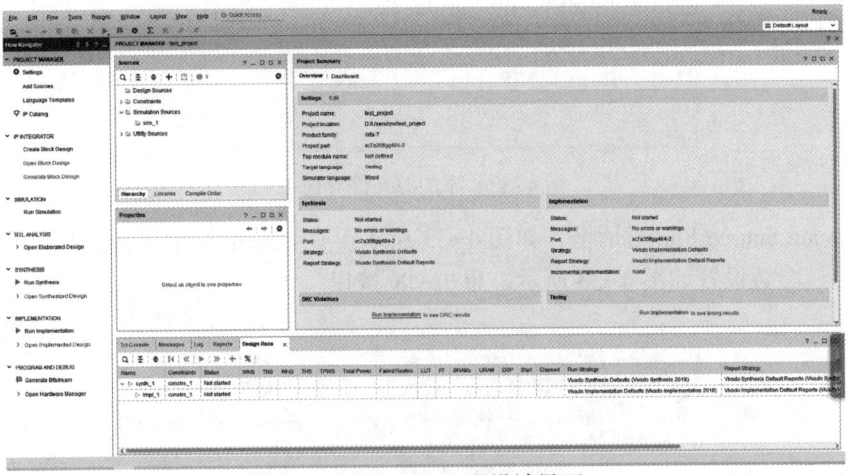

图 4-30　Vivado 工程设计界面

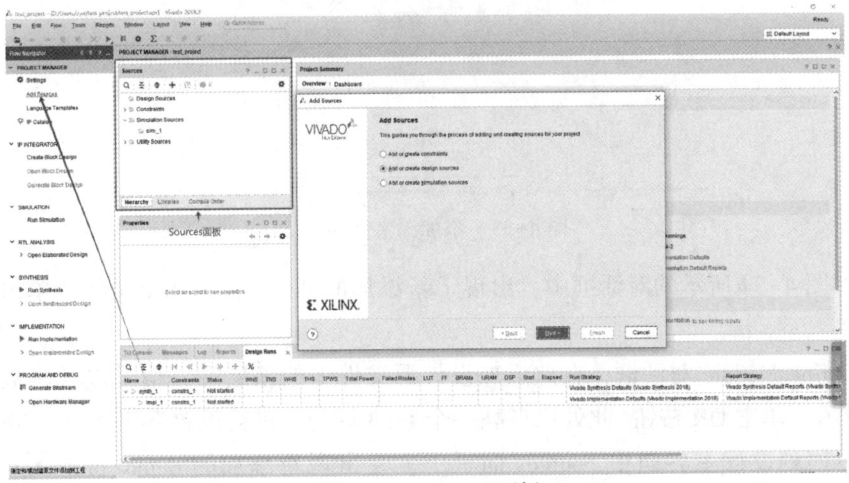

图 4-31　Sources 面板

（2）Add Sources 对话框，该对话框界面提供了如下几个选项：①Add or Create Constraints(添加或者创建约束)；②Add or Create Design Sources(添加或者创建设计源文件)；③Add or Create Simulation Sources(添加或者创建仿真文件)。

在此需创建 Verilog HDL 文件，选第二项 Add or Create Design Sources。单击 Next 按钮。

(3)Add or Create Design Sources 对话框，如图 4-32 所示。此时可点击 Add Files 选择添加已有的源文件，或单击 Create File 按钮来创建一个新的源文件。我们选择 Create File 按钮。

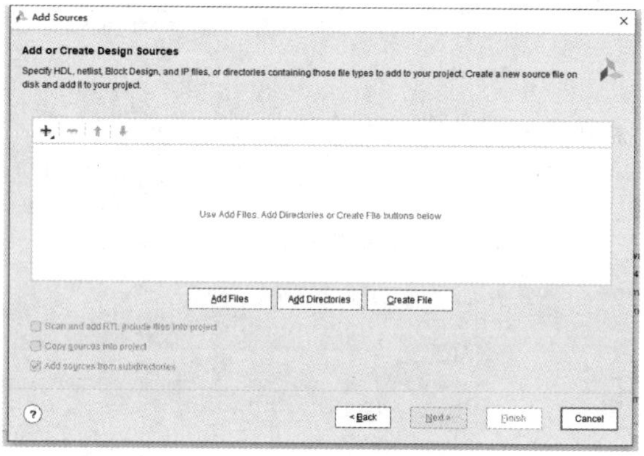

图 4-32　添加源文件界面 1

（4）Create Source File 对话框，如图 4-33 所示。在该对话框中选择文件的类型并输入文件的名字。参数设置如图 4-33 所示。单击 OK 按钮。

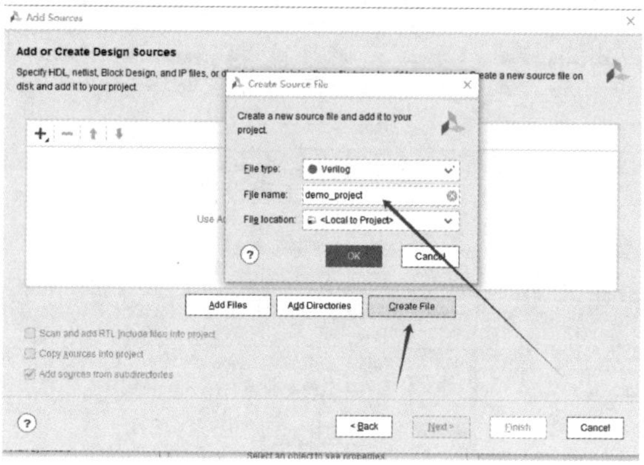

图 4-33　添加源文件界面 2

（5）如图 4-34 所示的对话框中，出现了新添加的 demo_project. v 文件。单击界面中的 Finish 按钮。

（6）Define Module 对话框，在此添加设计源文件中的顶层端口信号以及参数设置，如图 4-35 所示。单击 OK 按钮(此处以点亮一个 LED 灯为例进行设置)。

（7）返回到设计主界面中 Sources 面板下，会出现新添加的 demo_project. v 文件，如图 4-36所示。

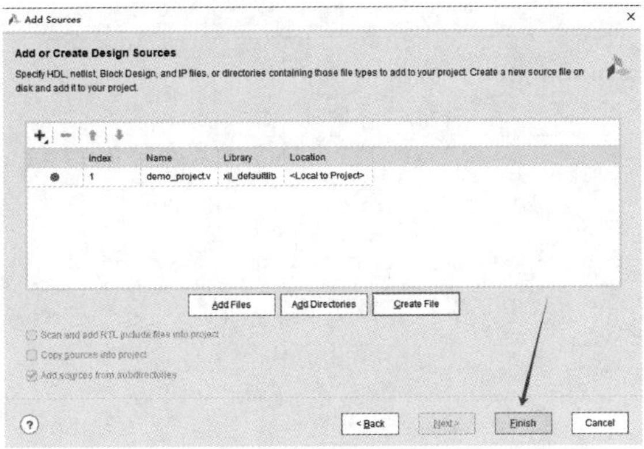

图 4-34　添加源文件界面 3

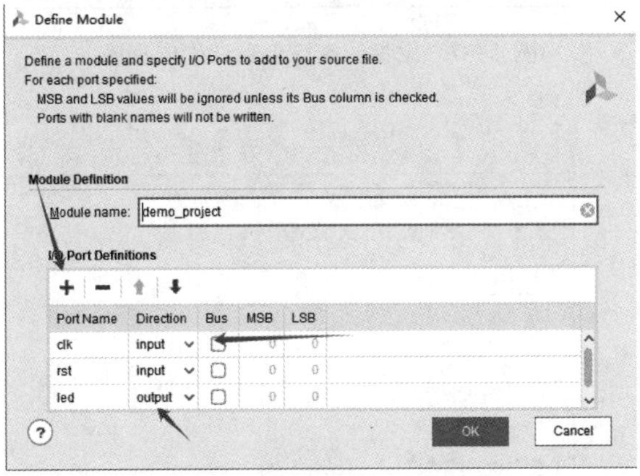

图 4-35　添加源文件界面 4

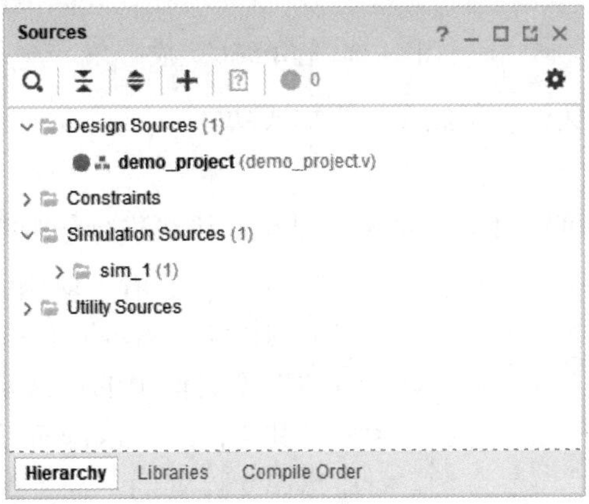

图 4-36　添加源文件成功

（8）双击 Sources 面板下的 demo_project. v 文件，在主窗口中打开 demo_project. v 文件。其内容为新增源文件向导中的设计端口描述，在该界面下可将该源文件补充完整，如图 4-37和图 4-38 所示。

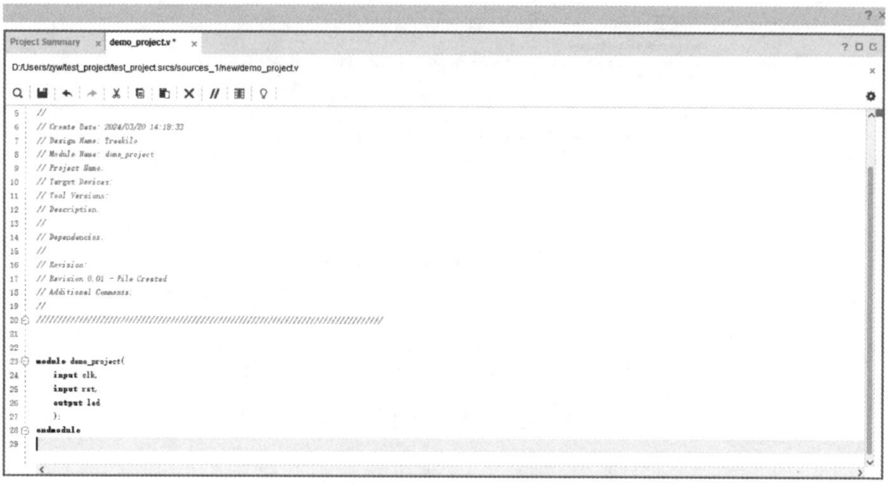

图 4-37　设置的端口会默认生成程序

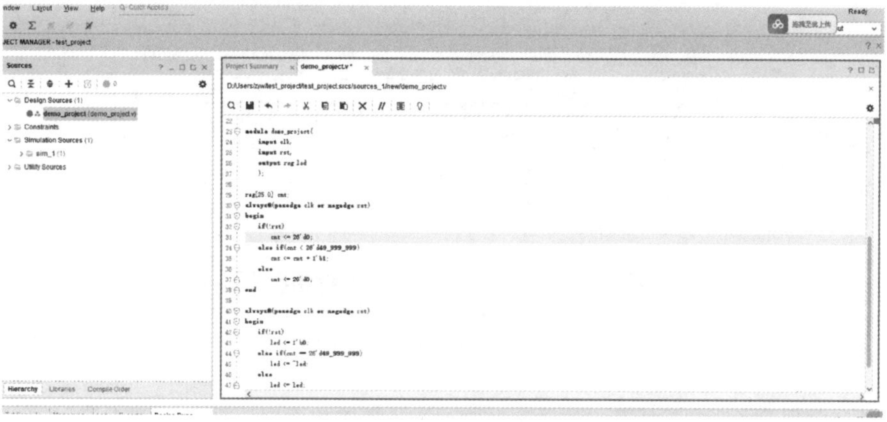

图 4-38　程序编写完成

编辑完成后，保存源文件。至此文件添加成功。

3. RTL 描述与分析

RTL 描述与分析功能可以对工程的 RTL 结构、语法进行分析并修正逻辑上的错误。

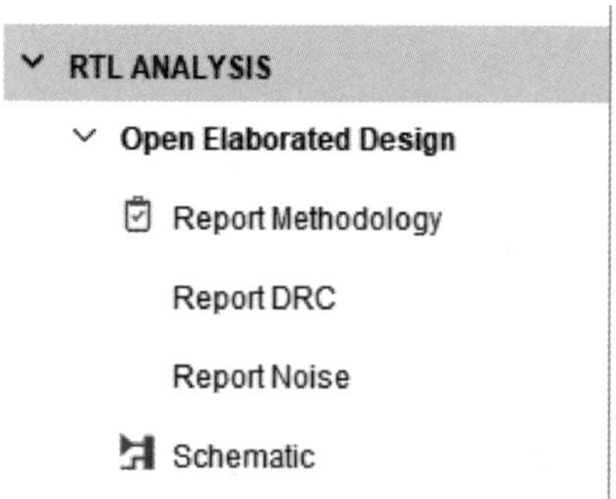

图 4-39　RTL 描述和分析菜单

利用 Verilog 语言描述电路时，可能存在语法或逻辑上的错误。Vivado 在编写过程中(保存文档时)会自动检测文件中的语法错误，并在 Messages 标记中显示其错误。Sources 面板会将出错的源文件放到对应错误文件夹的下面。但逻辑上的错误 Vivado 软件无法检测，例如，模块间的连线错误等。

RTL 描述和分析过程如下。

(1) 如图 4-39 所示，在 Flow Navigator 下，找到 RTL Analysis 并展开。单击 Open Elaborated Design，打

开 Elaborated Design。可看到 Open Elaborated Design 标题变为 Elaborated Design。

（2）单击图中的 Schematic，打开 RTL 原理图，如图 4-40 所示。

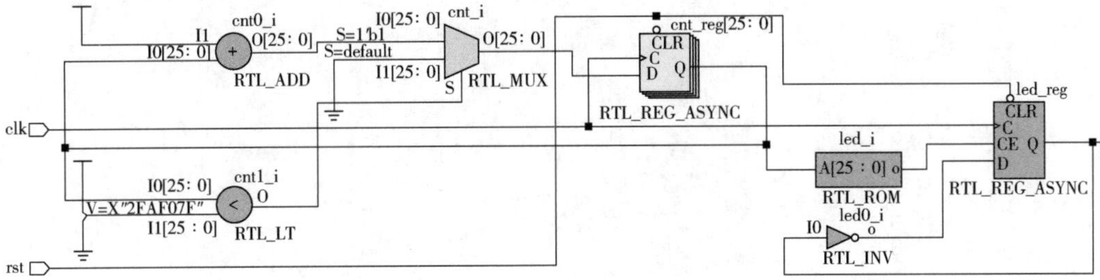

图 4-40　RTL 原理图

4. 设计综合

（1）在 Flow Navigator 窗口下，找到 Synthesis 并展开。单击 Run Synthesis 进行综合。

（2）综合完成后，出现 Synthesis Completed 对话框，如图 4-41 所示。可以选择 Open Synthesized Design 进行综合后的设计观察，单击 OK 按钮。

（3）如果出现关闭 Elaborated Design 提示对话框，单击 Yes 按钮即可。

（4）点击 Synthesis，其展开项工具中会列出诸多操作，如图 4-42 所示。注意在向导窗口中 Synthesis 下的 Open Synthesized Design 在综合完成并打开设计后变为 Synthesized Design。

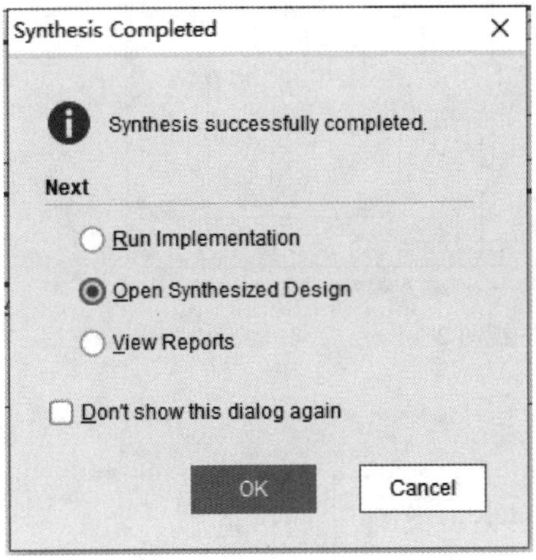

图 4-41　设计综合界面

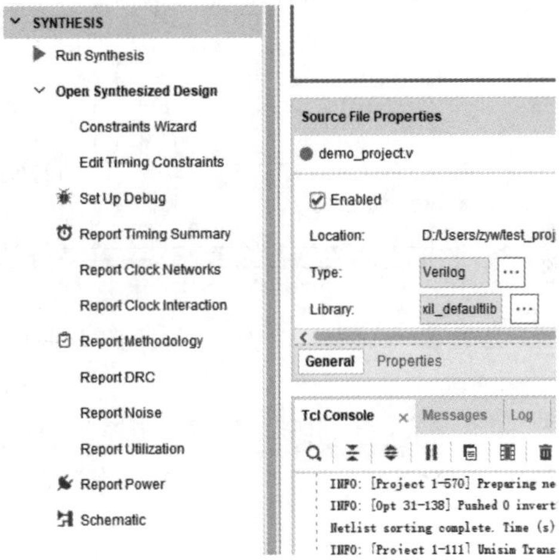

图 4-42　启动 synthesized Design 界面

（5）打开 Synthesized Design 后，默认打开 Schematic 视图，如图 4-43 所示。如果没打开，则在 Synthesized Design 下单击 Schematic 即可打开。综合后的原理图是由 FPGA 的基本元件搭建的电路网表，如图 4-44 中的 LUT6 查找表。

（6）查看 LUT6 的内部映射关系。在原理图窗口内选择 LUT6 对应的 Cell。在 Sources 窗口下方的 Cell Properties 窗口中，选择 Truth Table，可看到逻辑表达式 O =！I5+！I0&！I1&I5+！I0&I1&I2&！I4+！I0&！I2&I3&！I4 以及真值表映射关系，如图 4-45 所示。

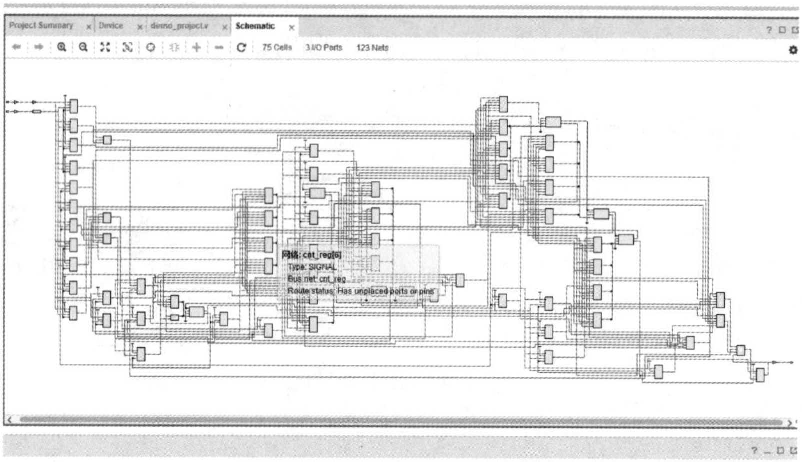

图 4-43　Schematic 视图 1

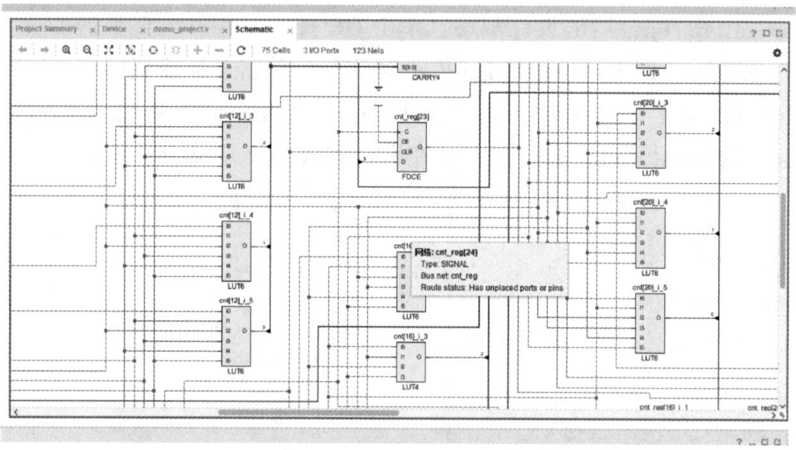

图 4-44　Schematic 视图 2

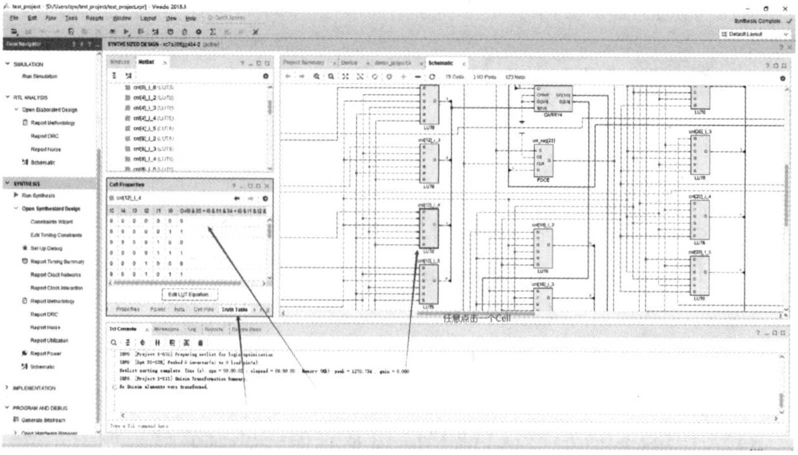

图 4-45　真值表信息

（7）单击 Synthesized Design 下的 Report Utilization选项。出现 Report Utilization 对话框，如图 4-46 所示。通过 Report resource Utilization 功能，可获得工具针对当前设计的资源利用率的详细报告。

（8）单击 OK 按钮。Vivado 开始计算该设计的资源利用率。

（9）在 Vivado 下方打开了 Utilization-utilization_1 标签窗口。如图 4-47 所示显示了该设计的资源利用率：

① Slice LUTs 共 20800 个，使用 36 个，利用率为 0. 17%；

② FF 共 41600 个，使用 27 个，利用率为 0. 06%；

③ IO 共 250 个，使用 3 个，利用率为 1. 20%。

图 4-46　资源利用率报告启动对话框

经过综合后，RTL 设计转化为基于 FPGA 底层资源的电路网表。

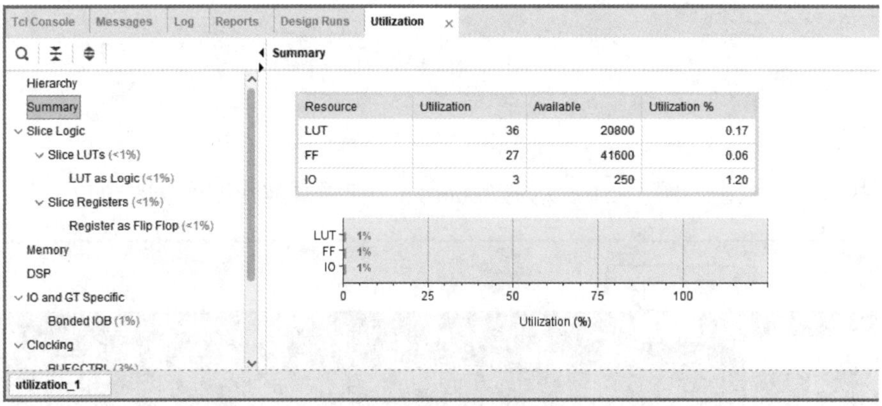

图 4-47　资源利用率概况界面

5. 仿真综合

新建 test_project 的仿真文件，具体步骤如下：

（1）主窗口左侧边栏 Project Manager 下点击 Add Sources；

（2）Add Sources 弹窗选择 Add or Create Simulation Sources，点击 Next；

（3）Add or Create Design Sources 弹窗点击 Create File；

（4）Create Source File 弹窗，File name 设置为 test_project_tb，其他默认，点击 OK；

（5）Add or Create Simulation Sources 窗口点击 Finish；

（6）Define Module 弹窗点击 OK，之后的弹窗点击 Yes，仿真文件新建完成。

如图 4-48 所示，在 Sources 窗口中文件已经加入工程。双击文件名打开进入编辑窗口。

在 Sources 窗口下，点击 Waveform Configuration File，如图 4-49 所示。编写仿真测试文件。

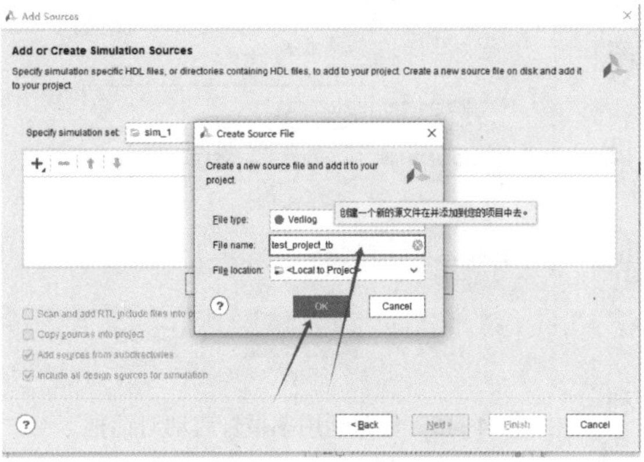

图 4-48　testbench 文件创建界面

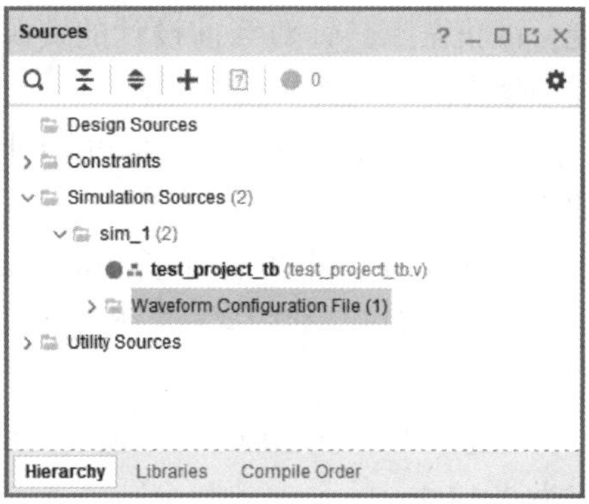

图 4-49　创建成功后 Sources 工具栏界面

当仿真测试文件编写完成后，在 SIMULATION 下点击 Run Simulation，选择 Run Behavioral Simulation 进入仿真。或点击如图 4-50 所示的 Run All 按钮执行仿真。

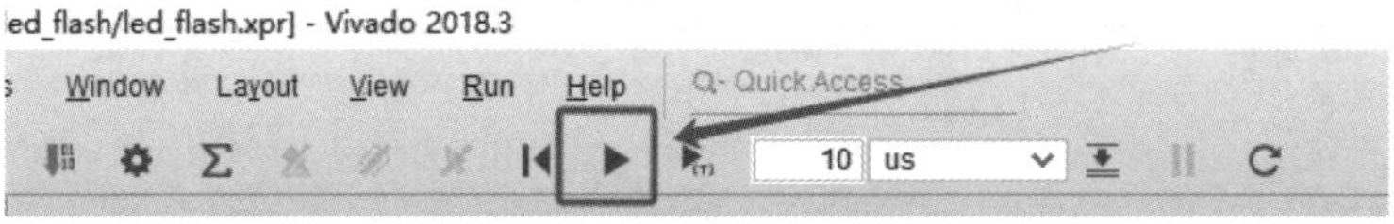

图 4-50　Run All 按钮

仿真执行后，点击如图 4-51 所示的 Zoom Fit，使仿真波形匹配仿真窗口。

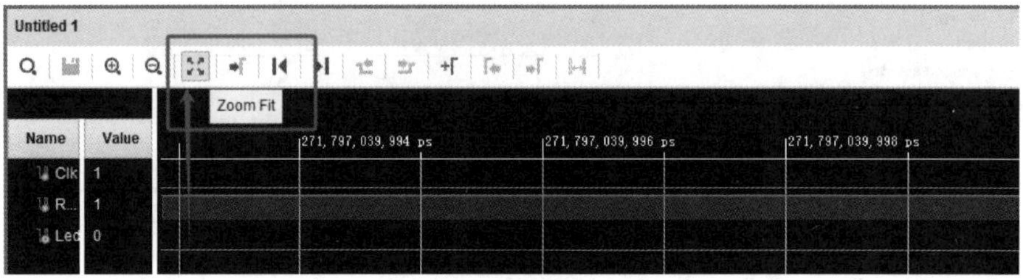

图 4-51　仿真界面 Zoom Fit 按钮

以上步骤为使用 Vivado 自带仿真的操作流程，图 4-52 为仿真输出波形。也可使用 Modelsim 软件仿真，所获得的仿真波形与 Vivado 自带仿真器的波形相同。

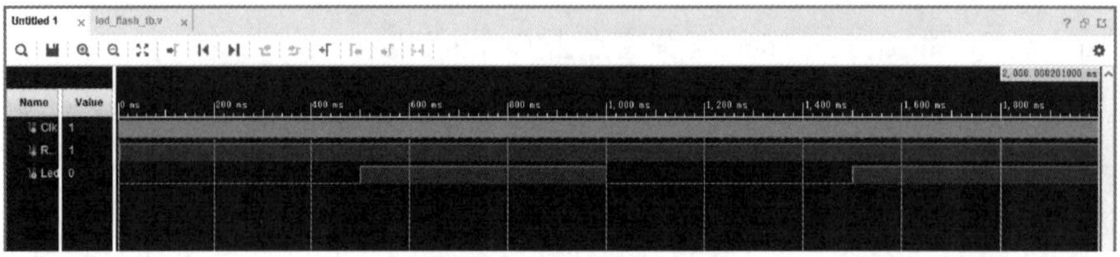

图 4-52　功能仿真波形

6. 板级测试与验证

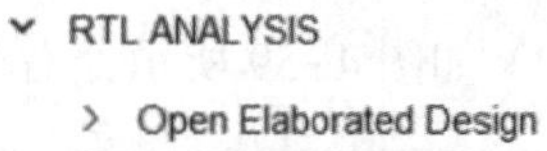

图 4-53 打开分析后界面窗口入口

（1）如图 4-53 所示，在 Vivado 界面左侧边栏的 RTL ANALYSIS，找到并点击 Open Elaborated Design。

（2）单击 Open Elaborated Design，弹窗如图 4-54 所示，如果不进行 I/O 规划或约束添加任务可不用此项，它会使网表解析变慢。在此要进行 I/O 规划和约束添加，点击 OK 开始分析。

（3）分析完成后，在上方工具栏点击 Window，点击 I/O Ports。其中 Package Pin 和 I/O Std 是要约束的内容。根据实验板原理图添加管脚，添加完成后如图 4-55 所示。

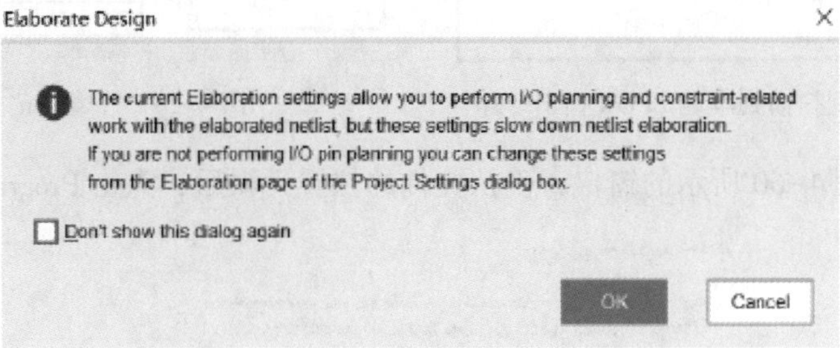

图 4-54 打开 Elaborated Design 过程弹窗

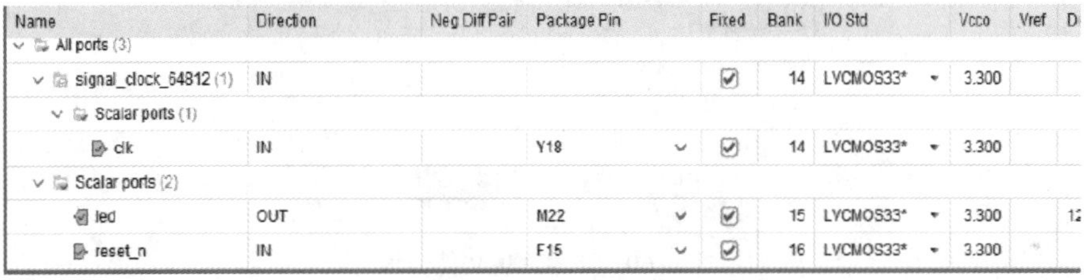

Name	Direction	Neg Diff Pair	Package Pin	Fixed	Bank	I/O Std	Vcco	Vref	D
All ports (3)									
signal_clock_64812 (1)	IN			☑	14	LVCMOS33*	3.300		
Scalar ports (1)									
clk	IN		Y18	☑	14	LVCMOS33*	3.300		
Scalar ports (2)									
led	OUT		M22	☑	15	LVCMOS33*	3.300		1:
reset_n	IN		F15	☑	16	LVCMOS33*	3.300		

图 4-55 管脚分配界面

7. 下载到 FPGA

（1）在 Vivado 左侧边栏 Program and Debug 中点击 Open Hardware Manager，如图 4-56 所示。

（2）打开如图 4-57 所示的 Hardware Manager 窗口。

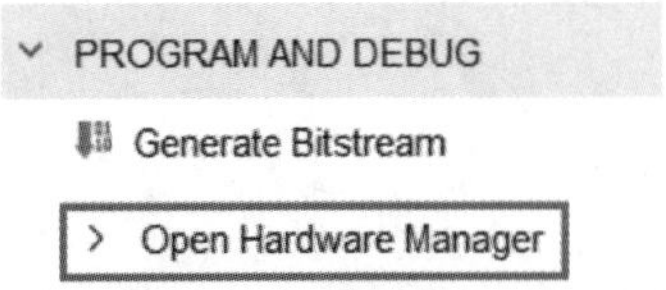

图 4-56 Open Hardware Manager 入口

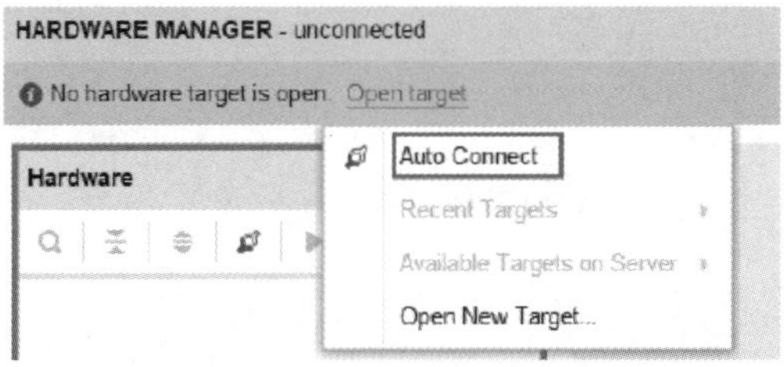

图 4-57 Hardware Manager 窗口界面

（3）在 HARDWARE MANAGER 界面中点击 Open target，选择 Auto Connect 图标自动检测本地 FPGA，结果如图 4-58 所示，扫描的芯片型号为 xc7a35t，它与 ACX720 开发板芯片

是一致的。

（4）如图 4-59 所示，右键点击 xc7a35t_0，选择 Program Device。

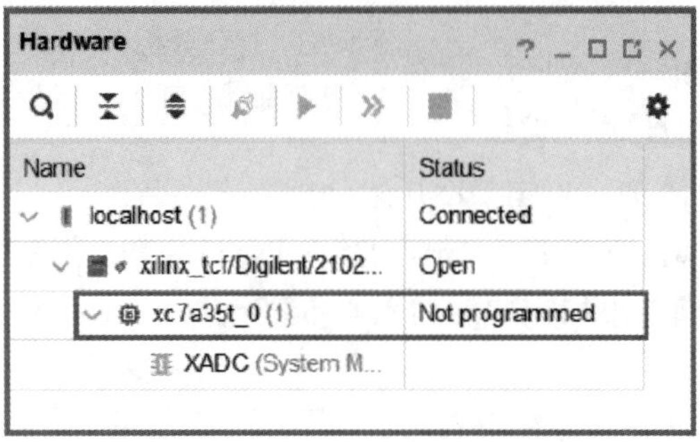

图 4-58　识别扫描到本地 FPGA 窗口

图 4-59　下载 Bit 文件入口

（5）弹出如图 4-60 所示的窗口，确认文件的位置无误后，点击 Program 开始下载文件。

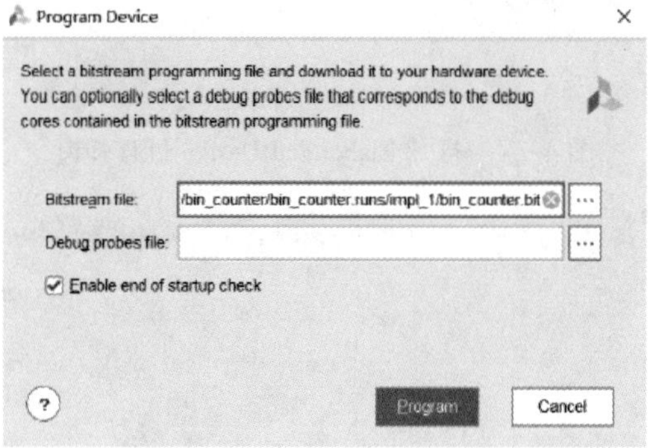

图 4-60　下载 Bit 文件界面

至此工程已经设计完成，设计者可以通过观察实验板上的实验现象，分析所设计的电路功能及时序是否满足电路设计要求。

第5章　EDA典型电路设计

5.1　分频电路设计

在EDA数字电路系统设计中，电路的晶振通常提供的单一频率的时钟源系统频率为50MHz，而实际的电路常根据设计要求需要不同频率的控制信号，因此需要对外部提供的单一频率信号分频或倍频。所谓的分频电路即将一个给定的频率较高的数字输入信号，经过适当的处理后，产生一个或数个频率较低的数字输出信号。所谓的倍频即信号的输出频率为原频率的整数倍，这需要硬件的支持如IP核，在此不作为重点阐述。

分频电路是应用十分广泛的电路，分频电路的设计方法很多，最常见的方法是利用加法计数器对时钟信号进行分频，其分频常数 N=divin/divout。下面通过几个实例介绍分频器设计方法。

【例5-1】 设计一个将50MHz的方波信号分成占空比为50%、频率为2.5MHz方波信号的分频器，并利用Modelsim仿真验证。

```
module div20(divin, divout);
input divin;
output divout;
reg[3:0] count=4'd0;
reg rdivout=1'b0;
always@(posedge divin)
   if(count==4'd9)
       begin   count<=4'd0; rdivout<=~rdivout; end
  else      count<=count+1'b1;
assign divout=rdivout;
endmodule
```

程序说明：

(1) 根据系统设计要求计算系统分频系数 $N=50/2.5=20$ 为偶数分频，且占空比为50%。

(2) 分频器设计时，利用divin的上升沿启动always语句，在always语句中用计数器count对时钟信号divin的上升沿计数。本设计是20分频且占空比为50%，因此计数器计10个数rdivout信号自身取反，从而生成占空比为50%的分频输出信号。

(3) 仿真波形如图5-1所示，由图可知divout每10个周期divin的输入信号，divout完成电平的高低转换。因此输出信号 divout 的 1 个周期对应输入信号 divin 的 20 个周期，divout 低电平对应 10 个周期信号，divout 高电平对应 10 个周期信号，进而实现占空比为 50%的 20 分频。

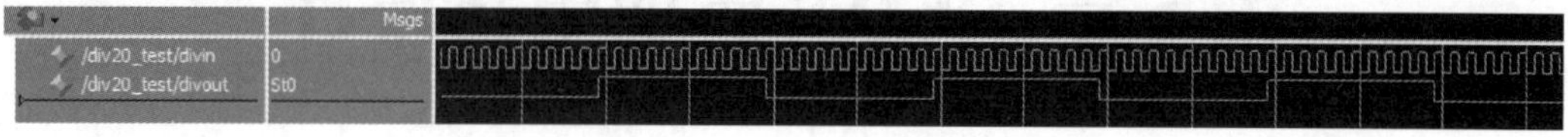

图 5-1　div20 的仿真波形

（4）通过对例 5-1 的分析，下面我们利用计数器设计 2 分频信号、4 分频信号、8 分频信号、16 分频信号。程序如下所示：

```
module div(clk, out0, out1, out2, out3);
input clk;
output out0, out1, out2, out3;
reg [3:0] count=4'd0;
always @ (posedge clk)
count=count+1;
assign out0=count[0];
assign out1=count[1];
assign out2=count[2];
assign out3=count[3];
endmodule
```

仿真波形如图 5-2 所示。

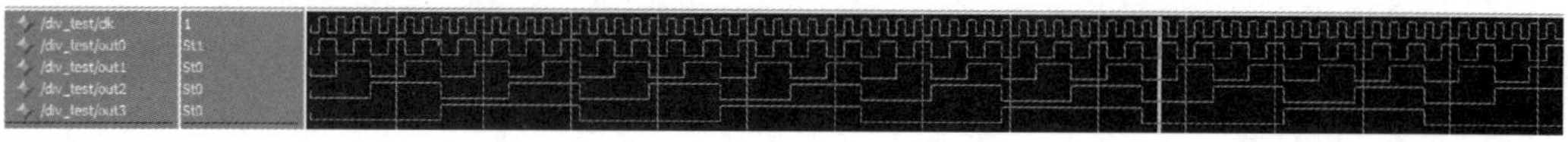

图 5-2　div 的仿真波形

仿真波形分析：输出信号 out0 一个周期对应时钟信号 clk 的 2 个周期，即实现 2^1 的分频；输出信号 out1 一个周期对应时钟信号 clk 的 4 个周期，即实现 2^2 的分频，依次类推。输出信号占计数器端口的第 N 位，可实现 2^N 的分频。

【例 5-2】 设计一个将 50MHz 的方波信号分成占空比为 50%、10MHz 方波信号的分频器，并利用 Modelsim 仿真验证。

```
module div5(divin, divout);
input divin;
output divout;
reg[3:0] count1, count2;      //计数器寄存器
reg clk1, clk2;
always@ (posedge divin)
        begin
```

```
    if(count1==4)
        count1<=4'd0;
  else count1<=count1+1'b1;
    if(count1<3)clk1=1'b1;
    else clk1=1'b0;
    end
  always@(negedge divin)
   begin
     if(count2==4)
          count2<=4'd0;
    else count2<=count2+1'b1;
     if(count2<3)clk2=1'b1;
     else clk2=1'b0;
     end
  assign divout=clk2| clk1;
  endmodule
```

程序说明：

(1) 根据系统设计要求计算系统分频系数 $N=50/10=5$ 为奇数分频，且占空比为 50%。

(2) 奇数分频器要求占空比为 50%的设计，5 分频器输出信号 divout 高电平占输入信号 divin 的 2.5 周期，低电平占输入信号 divin 的 2.5 周期。因此程序设计中用两个计数器(always 语句)，一个计数器用于计 divin 信号的上升沿，一个计数器用于计 divin 信号的下降沿。两个计数器的计数周期均为 5：其中前 2 个周期输出高电平，后 3 个周期输出为低电平。最后通过组合逻辑 assign divout=clk2| clk1 控制输出时钟信号的电平，从而实现占空比为 50%的 5 分频。

(3) 仿真结果如图 5-3 所示，从仿真结果中可分析出 divout 每个周期对应输入信号 5 个周期，divout 低电平对应 2.5 个周期信号，divout 高电平对应 2.5 个周期信号，设计符合要求。

图 5-3　div5 的仿真波形 1

(4) 如果设计 N 分频(其中 N 为奇数)分频器，则分频器设计中计数器输出高电平的周期数为$(N-1)/2$，输出低电平的周期数为$(N+1)/2$。

(5) 通过对例 5-2 的分析可知，如果分频器要求奇数分频且不要求占空比为 50%时，分频器的设计相对更加的简单，程序如下所示：

```
module div5(divin, divout);
```

```
input divin;
output divout;
reg[3:0] count=4'd0;
always@(posedge divin)
   begin
       if(count==4)
             count=4'd0;
      else count=count+1'b1;
end
 assign divout=(count<=4'd2)? 0: 1;
  endmodule
```

在分频器设计中，用 always 语句实现输入信号 divin 的 5 周期的计数，利用 assign divout=(count<=4'd2)? 0: 1; 实现分频器的占空比设置，当 count 小于等于 2 时输出信号为低电平，count 大于 2 时输出信号为高电平。从而实现占空比为 2/5=40%的奇数分频。通过调整 count 比较的数值可实现不同占空比的输出。仿真结果如图 5-4 所示。

图 5-4 div5 的仿真波形 2

仿真波形分析：输出信号 divout 一个周期对应输入时钟信号 divin 的 5 个周期，且高电平占 2 个周期，低电平占 3 个周期，占空比为 40%。

分频器是电路系统设计中最常用的电路，本节主要介绍分频器的基本思路，实际电路设计中可借助 PLL 的 IP 核心实现分频。对于任意占空比的分频，在要求高精度的条件下，则需要更复杂的算法来实现。

5.2 数码管显示电路设计

数码管能显示数字以及英文字符，被广泛应用于各种电子设备和仪器中。它是一种半导体发光器件，其基本单元是发光二极管。数码管分为共阴极和共阳极两类。以七段静态共阳极数码管为例，如图 5-5 所示，低电平时发光二极管亮，高电平时发光二极管灭。七段数码管中的每一段从 0 至 6 进行标示，分别由 HEX[6:0]相对应位来控制。因此当数码管的输入为“1111001”时，则数码管的 7 个段 HEX[6]、HEX[5]……HEX[0]分别接 1、1、1、1、0、0、1，数码管显示为 1。

【例 5-3】 设计一个 4 位 2 进制数的共阳极静态数码管显示译码器。

```
module SEG7(HEX, iDIG);
input[3:0]iDIG;
output[6:0]HEX;
reg[6:0]HEX;
```

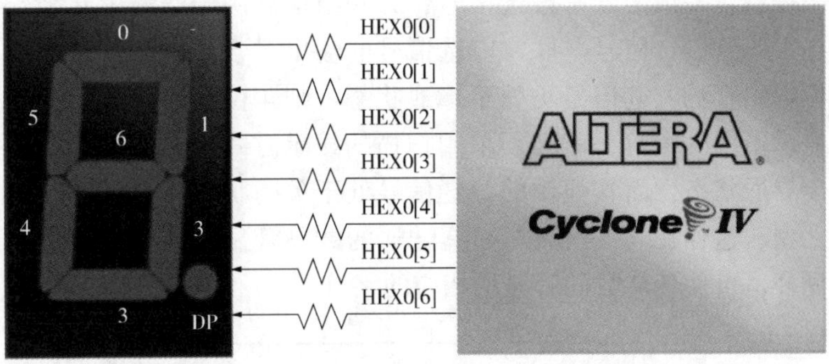

图 5-5　七段数码管每段与 HEX[6：0]控制位相对应的关系

```
always @ ( iDIG)
begin
    case( iDIG)
    4'h1: HEX=7'b1111001;
    4'h2: HEX=7'b0100100;
    4'h3: HEX=7'b0110000;
    4'h4: HEX=7'b0011001;
    4'h5: HEX=7'b0010010;
    4'h6: HEX=7'b0000010;
    4'h7: HEX=7'b1111000;
    4'h8: HEX=7'b0000000;
    4'h9: HEX=7'b0011000;
    4'ha: HEX=7'b0001000;
    4'hb: HEX=7'b0000011;
    4'hc: HEX=7'b1000110;
    4'hd: HEX=7'b0100001;
    4'he: HEX=7'b0000110;
    4'hf: HEX=7'b0001110;
    4'h0: HEX=7'b1000000;
    endcase
end
endmodule
```

程序说明：

（1）这个数码管显示译码程序，主要利用 case 语句实现 4-7 译码器译码，将 0~F(0000~1111)四位输入与七位数码管的输入关系陈列出来，进而驱动数码管输入显示相应的数字。

（2）该段程序是七位共阳极数码管的显示译码程序，在电路系统设计中可作为底层电路直接调用。

数码管数据显示方式除了静态显示，还有动态显示。如图 5-6 所示，动态扫描显示需要由两组信号来控制：一组信号是段选信号；另一组信号用于选择第几个数码管工作，称为位选信号。各数码管段选信号并联，段选信号的输出对各数码管都是相同的，因此在同一时刻如果各位数码管的位选信号均处于选通状态，则4位数码管显示相同的字符。如果各数码管需要显示不同的字符，就必须采用扫描的显示方式。即在某一时刻，只让某一位的位选信号处于导通状态，而其他位的位选信号处于关闭状态。同时段选信号上输出相应的显示字符的字型。这样在同一时刻，只有选通的数码管显示字符，而其他位数码管则是熄灭的，如此循环，可使各位数码管显示相应的字符。

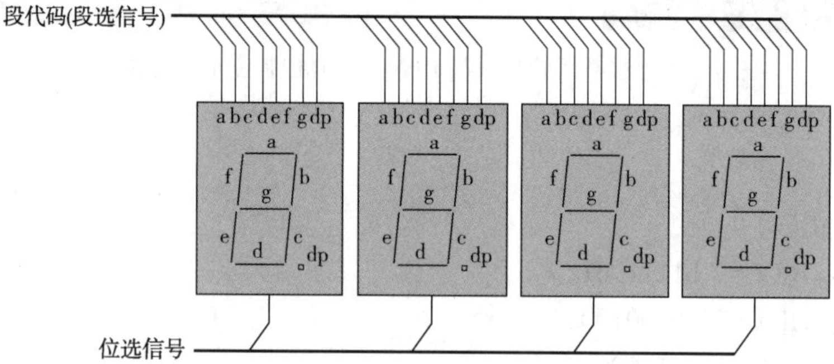

图 5-6　动态显示数码管电路图

虽然这些字符是在不同时刻出现的，并且同一时刻只显示一位其他熄灭。但数码管具有余晖特征和人眼有视觉暂留显示现象，只要每位数码管显示间隔足够短，给人眼印象就会是连续稳定显示的。因此多个数码管动态扫描显示，只要扫描的频率大于50Hz，将看不到闪烁现象。4个数码管同时亮需要50×4=200Hz以上才能看到稳定的点亮现象。

【例 5-4】　设计使4个共阳极数码管的后两位显示1-10的循环计数，且计数的频率为1Hz。

```
odule seg(clk, seg, dig);
input clk;
output reg [7:0]seg=0;
output reg [3:0]dig=4'b1110;
reg [3:0] disp_num=1;
reg [31:0] num_cnt=0;
reg clk1hz=0;
reg [23:0] count;
reg [3:0] disp=0;
//分频
always @ (posedge clk)
begin
    if(count==24'd24999999)
    begin
        clk1hz=~clk1hz;
```

```
        count=0;
    end
    else count=count+1;
end
//1-10 循环计数
always @ (posedge clk1hz)
begin
        disp_num=disp_num+1;
        if(disp_num>10) disp_num=1;
end
//位选切换
reg [3:0] data;
always @ (count[12])
begin
    if(count[12])
    begin dig=4'b1110; data=disp_num%10; end
    else
    begin dig=4'b1101; data=disp_num/10; end
end
//译码
always @ (data)
begin
  case(data)
        4'h0: seg=8'hc0;
        4'h1: seg=8'hf9;
        4'h2: seg=8'ha4;
        4'h3: seg=8'hb0;
        4'h4: seg=8'h99;
        4'h5: seg=8'h92;
        4'h6: seg=8'h82;
        4'h7: seg=8'hf8;
        4'h8: seg=8'h80;
        4'hc: seg=8'hc6;
        4'hd: seg=8'ha1;
        4'he: seg=8'h86;
        4'hf: seg=8'h8e;
        4'h9: seg=8'h90;
```

```
            4'ha: seg = 8'h88;
            default: seg = 8'h83;
        endcase
    end
    endmodule
```

程序分析:

(1) 本电路的设计程序由 4 个 always 组成, 分别完成分频、1~10 循环计数、位选切换和译码。

(2) 分频程序, 参考分频电路的设计, 该分频器实现了 50MHz 分频到 1Hz 的 50M 分频占空比为 50%。

(3) 位选切换: 此 always 语句的敏感信号为 count[12], 即数码管动态扫描的频率为 $50M/2^{13}$, 当 count[12]为高电平时数码管最后 1 位亮, 显示个位数字; 当 count[12]为低电平时数码管倒数第 2 位亮, 显示十位数字。

(4) 数码管译码: 与例 5-3 数码管译码程序相比, 将二进制的译码输出转换成了十六进制, 这样使程序更加简洁易懂。

5.3 LCD 液晶驱动电路设计

5.3.1 液晶屏显示模块

LCD1602 是市面上常用的字符型液晶显示器, 其控制芯片采用的是 HD44780, HD44780 读写的控制程序可以很方便地应用于大部分字符型液晶。字符型 LCD 通常有 14 条引脚或 16 条引脚两种, 多出来的两条是背光电源线 Vcc(15 脚)和地线 GND(16 脚), 其控制原理与 14 脚的 LCD 完全一样。LCD 的引脚定义如表 5-1 所示。

表 5-1 LCD1602 引脚功能

引脚号	引脚名	电平	输入/输出	功能
1	V_{SS}	0V		电源地
2	V_{DD}	5.0V		电源
3	VO			对比调整电压
4	RS	1/0	输入	寄存器选择: 1=输入数据; 0=输入指令
5	R/W	1/0	输入	读、写操作: 1=从 LCD 读取信息; 0=向 LCD 写入指令或数据
6	E	1, 1→0	输入	使能信号: 1 时读取信息; 1→0(下降沿)执行指令
7	DB0	1/0	输入/输出	数据总线 line0(最低位)
8	DB1	1/0	输入/输出	数据总线 line1
9	DB2	1/0	输入/输出	数据总线 line2
10	DB3	1/0	输入/输出	数据总线 line3
11	DB4	1/0	输入/输出	数据总线 line4

续表

引脚号	引脚名	电平	输入/输出	功能
12	DB5	1/0	输入/输出	数据总线 line5
13	DB6	1/0	输入/输出	数据总线 line6
14	DB7	1/0	输入/输出	数据总线 line7(最高位)
15	A	$+V_{CC}$		LCD 背光电源正极
16	K	接地		LCD 背光电源正极

5.3.2 液晶屏显示模块指令

1. LCD 在使用过程中共有 11 条指令，下面阐述每条指令的格式及功能

(1) 清屏指令，如表 5-2 所示。

表 5-2 清屏指令

指令功能	指令编码										执行时间/ms
	RS	R/W	DB7	DB6	DB5	DB4	DB3	DB2	DB1	DB0	
清屏	0	0	0	0	0	0	0	0	0	1	1.64

功能：

① 清除液晶显示器，即将 DDRAM 的内容全部填入 ASCII 码 20H。

② 光标归位，即将光标撤回液晶显示屏的左上方。

③ 将地址计数器(AC)的值设置为 0。

(2) 光标归位指令，如表 5-3 所示。

表 5-3 光标归位指令

指令功能	指令编码										执行时间/ms
	RS	R/W	DB7	DB6	DB5	DB4	DB3	DB2	DB1	DB0	
光标归位	0	0	0	0	0	0	0	0	1	X	1.64

功能：

① 把光标撤回到液晶显示屏的左上方。

② 把地址计数器(AC)的值设置为 0。

③ 保持 DDRAM 的内容不变。

(3) 进入模式设置指令，如表 5-4 所示。

表 5-4 进入模式设置指令

指令功能	指令编码										执行时间/μs
	RS	R/W	DB7	DB6	DB5	DB4	DB3	DB2	DB1	DB0	
进入模式设置	0	0	0	0	0	0	0	1	I/D	S	40

功能：设定每次写入 1 位数据后光标的移位方向，并且设定每次写入的一个字符是否

移动。参数设置为：

I/D：0—写入或读出新数据后，AC 值自动减 1，光标左移；1—写入或读出新数据后，AC 值自动增 1，光标右移。

S：0—写入新数据显示屏不移动；1—写入新数据后显示屏整体平移，此时若 I/D＝0 则画面右移，若 I/D＝1 则画面左移。

（4）显示开光控制指令，如表 5-5 所示。

表 5-5　显示开光控制指令

指令功能	指令编码										执行时间/μs
	RS	R/W	DB7	DB6	DB5	DB4	DB3	DB2	DB1	DB0	
显示开光控制	0	0	0	0	0	0	1	D	C	B	40

功能：控制显示器开/关、光标显示/关闭以及光标是否闪烁。参数设置为：

D：0—显示功能关；1—显示功能开。

C：0—无光标；1—有光标。

B：0—光标闪烁；1—光标不闪烁。

（5）设定显示屏或光标移动方向指令，如表 5-6 所示。

表 5-6　设定显示屏或光标移动方向指令

指令功能	指令编码										执行时间/μs
	RS	R/W	DB7	DB6	DB5	DB4	DB3	DB2	DB1	DB0	
显示屏或光标移动方向	0	0	0	0	0	1	S/C	R/L	X	X	40

功能：使光标移动或使整个显示屏幕移位，但不改变 DDRM 的内容，参数设定的情况如表 5-7 所示。

表 5-7　设定显示屏或光标移动的真值表

S/C	R/L	设定情况
0	0	光标左移 1 格
0	1	光标右移 1 格
1	0	显示器上字符全部左移一格，但光标不动
1	1	显示器上字符全部右移一格，但光标不动

（6）功能设定指令，如表 5-8 所示。

表 5-8　功能设定指令

指令功能	指令编码										执行时间/μs
	RS	R/W	DB7	DB6	DB5	DB4	DB3	DB2	DB1	DB0	
功能设定	0	0	0	0	1	DL	N	F	X	X	40

功能：设定数据位线、显示的行数及字型。

参数设置为：

DL：0—数据总线为 4 位；1—数据总线为 8 位。

N：0—显示 1 行；1—显示 2 行。

F：0—5×7 点阵/字符；1—5×10 点阵/字符。

(7) 设定 CGRAM 地址指令，如表 5-9 所示。

表 5-9 设定 CGRAM 地址指令

指令功能	指令编码										执行时间/μs
	RS	R/W	DB7	DB6	DB5	DB4	DB3	DB2	DB1	DB0	
设定 CGRAM 地址	0	0	0	CGRAM 的地址(6 位)							40

功能：设定下一个要存入数据的 CGRAM 地址。

(8) 设定 DDRAM 地址指令，如表 5-10 所示。

表 5-10 设定 DDRAM 地址指令

指令功能	指令编码										执行时间/μs
	RS	R/W	DB7	DB6	DB5	DB4	DB3	DB2	DB1	DB0	
设定 DDRAM 地址	0	0	1	DDRAM 的地址(6 位)							40

功能：设定下一个要存入数据的 DDRAM 地址，地址值可以为 0x00~0x4f。

(9) 读取忙信号或 AC 地址指令，如表 5-11 所示。

表 5-11 读取忙信号或 AC 地址指令

指令功能	指令编码										执行时间/μs
	RS	R/W	DB7	DB6	DB5	DB4	DB3	DB2	DB1	DB0	
读取忙信号或 AC 地址	0	1	BF	AC 内容(7 位)							40

功能：

① 读取忙信号 BF 的内容，BF=1 表示液晶显示器忙，暂时无法接收单片机送来的数据或指令；当 BF=0 时，液晶显示器可以接收单片机送来的数据或指令。

由于 LCD 是慢显示器件，因此在执行每条指令之前，一定要确认 BF=0，否则此指令失效。显示字符时，要先输入显示字符地址，也就是告诉模块在哪里显示字符。

② 读取地址计数器(AC)的内容。

(10) 数据写入 DDRAM 或 CGRAM 指令，如表 5-12 所示。

表 5-12 数据写入 DDRAM 或 CGRAM 指令

指令功能	指令编码										执行时间/μs
	RS	R/W	DB7	DB6	DB5	DB4	DB3	DB2	DB1	DB0	
数据写入 DDRAM 或 CGRAM	1	0	要写入的数据 D7~D0								40

功能：将字符码写入 DDRAM(或 CGRAM)，以使液晶显示屏显示出相对应的字符，或者将使用者自己设计的图形存入 CGRAM。

(11) 从 DDRAM 或 CGRAM 读取数据的指令，如表 5-13 所示。

表 5-13　从 DDRAM 或 CGRAM 读取数据的指令

指令功能	指令编码										执行时间/μs
	RS	R/W	DB7	DB6	DB5	DB4	DB3	DB2	DB1	DB0	
从 DDRAM 或 CGRAM 读取数据	1	1	要读出的数据 D7~D0								40

功能：读取当前 DDRAM 或 CGRAM 单元中的内容。

2. 读写操作指令

根据上述指令的内容，可知 LCD1602 有 4 种基本的操作，具体见表 5-14。

表 5-14　LCD 基本操作指令

基本操作	输　入	输　出
读状态	RS=L，RW=H，E=H	DB0~DB7 为状态字
写指令	RS=L，RW=L，E 为下降沿，DB0~DB7 为指令码	无
读数据	RS=H，RW=H，E=H	DB0~DB7 为数据
写数据	RS=H，RW=L，E 为下降沿，DB0~DB7 为数据	无

【例 5-5】　在液晶屏上按要求显示如下信息。

(1) 显示静态信息：第一行显示 www. nepu. edu. cn。

(2) 显示动态信息：第二行显示 count：变量，该变量实现加 1 计数，计数频率为 1s，计数范围为 1~9，循环计数。

```
module lcd1602(clock_50, rst_n, lcd_data, lcd_en, lcd_rs, lcd_rw, lcd_on, lcd_blon);
    input clock_50, rst_n;
    output reg[7:0] lcd_data;
    output lcd_rw, lcd_on, lcd_blon;
    output reg lcd_rs;
    output wire lcd_en;
    /************* LCD driver signal **********************/
    reg[15:0] tcnt;
    wire lcd_clk;
    always@(posedge clock_50 or negedge rst_n)
      begin
```

```
        if(! rst_n)
            tcnt<=16'h0000;
    else tcnt<=tcnt+1'b1;
    end
assign lcd_clk=(tcnt<16'hfffa)? 1'b0: 1'b1;
/ ************* 1s count ************* /
wire [7:0] data0;
reg [7:0] data_r0;
reg [31:0] cnt1;
always@ (posedge clock_50 or negedge rst_n)
begin
if(! rst_n)
   begin    cnt1 <=32'd0; data_r0 <=8'd0; end
      else if(cnt1==32'd49999999)
            begin
              if(data_r0==8'd9)       data_r0 <=8'd0;
              else begin   data_r0 <=data_r0+1'b1;      cnt1 <=1'b0; end
              end
           else cnt1 <=cnt1+1'b1;
end
assign data0=8'h30+data_r0 ;
/ ************* LCD display ************ /
assign lcd_on=1'b1;
assign lcd_blon=1'b0;
assign lcd_rw=1'b0;
parameter initialdata={8'h38, 8'h0C, 8'h01, 8'h06, 8'h80};
parameter line1data="www. nepu. edu. cn";
parameter line2data="count:";
reg[39:0] initialdatareg;
reg[119:0] line1datareg;
reg[47:0] line2datareg;
reg en;
reg[4:0]cnt2, cnt3;
/ ******* LCD state ********** /
reg[3:0] nextstate;
```

```
    parameter set0=4'h0, set1 = 4'h1, dat1 = 4'h2, set2 = 4'h3, dat2 = 4'h4, set3 = 4'h5,
dat3=4'h6;
    always @ (posedge lcd_clk)
    begin
    en<=0;
    case(nextstate)
    set0: begin initialdatareg<=initialdata;
                 line1datareg<=line1data;
    line2datareg<=line2data;
    cnt2<=4'b0;
    cnt3<=4'b0;
    nextstate<=set1;
    end
    set1: begin lcd_rs<=1'b0;
                lcd_data<=initialdatareg[39:32];
      initialdatareg<=(initialdatareg<<8);
      if(cnt2<4)begin nextstate<=set1; cnt2<=cnt2+1'b1; end
      else begin nextstate<=dat1; cnt2<=0; end
      end
    dat1: begin lcd_rs<=1'b1;
                lcd_data<=line1datareg[119:112];
      line1datareg<=(line1datareg<<8);
       if(cnt3<14)begin nextstate<=dat1; cnt3<=cnt3+1'b1; end
    else begin nextstate<=set2; cnt3<=0; end
      end

    set2: begin lcd_rs<=1'b0; lcd_data<=8'hC0; nextstate<=dat2; end
    dat2: begin lcd_rs<=1'b1;
                lcd_data<=line2datareg[47:40];
      line2datareg<=(line2datareg<<8);
       if(cnt3<5)begin nextstate<=dat2; cnt3<=cnt3+1'b1; end
    else begin nextstate<=set3; cnt3<=0; end
       end
    set3: begin lcd_rs<=1'b0; lcd_data<=8'hC6; nextstate<=dat3; end
    dat3: begin lcd_rs<=1'b1;
```

```
            lcd_data<=data0;
        nextstate<=set3;
    end
default: nextstate<=set0;
endcase
end
assign lcd_en=lcd_clk | en;
endmodule
```

程序说明：

（1）本设计主要采用状态机实现 LCD 驱动。在此设计 7 个状态，用以控制 LCD 液晶的数据显示以及光标的工作情况等，其中：set0 完成数据的初始化，set1 完成 LCD 的初始化，dat1 完成第一行的字符显示，set2 完成第一行到第二行的转换，dat2 完成第二行的字符显示，set3 完成第二行的固定位置设定，dat3 完成第二行中动态信息的显示。7 个状态的转换如图 5-7 所示。

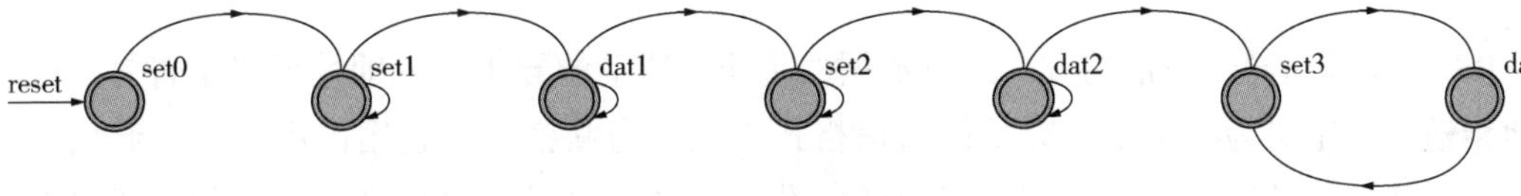

图 5-7 状态转换图

（2）LCD 驱动信号(LCD driver signal)程序部分：由于 LCD1602 是慢速器件，不能直接用 FPGA 外接的 50MHz 时钟信号驱动，因此需要对 FPGA 时钟信号进行分频驱动，或者计数延时使能驱动。在程序中利用 tcnt 从 0000 到 ffff 的计数，生成了 762Hz 的 LCD 驱动信号 lcd_clk。通过 assign lcd_clk=(tcnt<16'hfffa)? 1'b0: 1'b1; 语句设置驱动信号的占空比。在此需要注意的是不同厂家的 LCD1602 的时序延时都不同，在设计时要根据具体的 LCD 进行参数调整。

（3）1 秒钟计数(1s count)程序部分：由于设计要求第二行中有 1s 的计数显示，因此将 FPGA 外接的 50MHz 时钟信号分频至 1Hz，利用 cnt1 从 0 到 49999999 计数实现 1Hz 信号的产生，并利用 data_r0 实现 1 秒钟计数。计数的结果需要在 LCD 上直接显示，利用 assign data0=8'h30+data_r0; 语句将计数器的结果转换成 LCD 可显示变量。

（4）LCD display 程序部分：该部分程序完成参数的设定。设置 LCD 工作参数，利用语句 assign lcd_on=1'b1; 使 LCD 模块无背光，利用语句 assign lcd_blon=1'b0; 将背光参数设置为 0。LCD 初始化参数 parameter initialdata={8'h38, 8'h0C, 8'h01, 8'h06, 8'h80}; LCD 第一行显示的参数 parameter line1data="www. nepu. edu. cn"; LCD 第二行显示的参数 parameter line2data="count:";。

（5）采用顺序编码的方式实现 7 个状态的编码 parameter set0=4'h0, set1=4'h1, dat1=4'h2, set2=4'h3, dat2=4'h4, set3=4'h5, dat3=4'h6;。

(6) set0 状态实现初始化待显示字符和初始化液晶屏幕控制指令赋值。

(7) set1 状态实现液晶屏幕的初始化，8′h38：设置数据总线为 8 位，显示 2 行，5×10 点阵/字符；8′h0C：设置开始显示，无光标；8′h01：显示清零；8′h06：显示地址设置；8′h80：第一行显示地址。初始化过程采用 5 次 8 位左移 initialdatareg<=(initialdatareg<<8)。

(8) dat1 状态和 dat2 状态完成了液晶屏幕信息的两行静态显示。这两行字符可根据实际设计需要进行修改。

(9) set3 状态用于设置变量的显示位置，利用语句 lcd_data<=8′hC6；将位置选定在第二行的 count：之后。dat3 状态用于变量显示，利用语句 lcd_data<=data0；在选定的固定位置上显示变量。为了在固定的位置实时显示变量，set3 状态和 dat3 状态转换。

5.4 RS-232 串口通信电路设计

RS-232 是最常用的串行通信接口，也是一种标准口。在 RS-232 标准中，字符是以串行方式比特串一个接一个的进行传输的，具有传输线少、配线简单以及传送距离远等特点。

RS-232 采用异步通信的方式进行数据的传输，所谓的异步通信即数据或字符是一帧一帧地传送，帧定义为一个字符完整的通信格式，也称为帧格式。它用占用一位的起始位表示字符的开始，其后是 8 位数据，规定低位在前，高位在后；再是奇偶校验位，通过对数据奇偶性的检查，判别字符传输的正确性，可选择三种方式即奇校验、偶校验和无校验；最后用停止位表示字符的结束，可以是 1 位、1.5 位或 2 位。从起始位开始到停止位结束构成完整的一帧，由于异步通信每传送一帧都有固定的格式，如图 5-8 所示，通信双方只需要按约定的串口传输协议来发送和接受数据即可。此外，校验位可以检测传输错误，所以这种通信方式应用非常广泛。

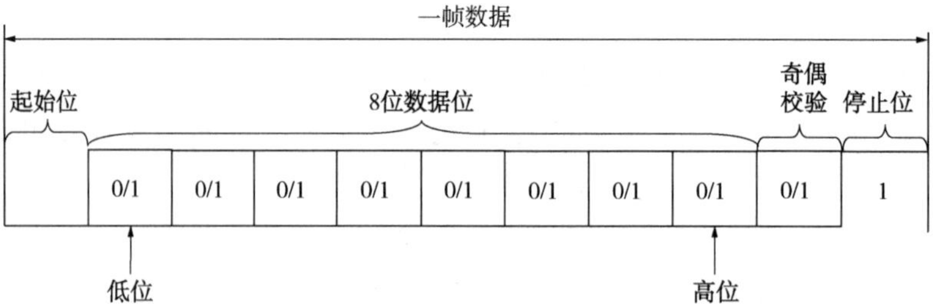

图 5-8　串口传输协议

在串口通信中波特率(bps)是非常重要的参数，常用的波特率有 9600bps 和 115200bps。以 9600bps 为例，它表示的是每秒钟可以传输 9600 位，同时也可以利用该参数计算传输一位数据的周期即 1/9600 以及每帧数据的周期即 11×(1/9600)。

【例 5-6】 设计利用 FPGA 通过串口读入数据，串口处于单工工作状态。要求以 9600

的波特率从串口向 FPGA 读入数据。串口接收数据的电路图如图 5-9 所示。

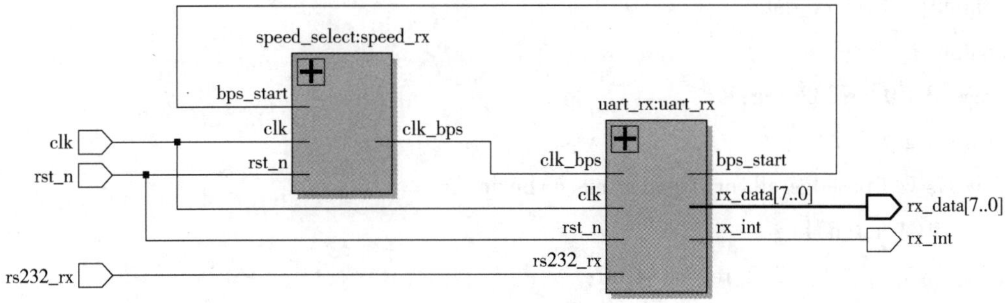

图 5-9　串口接收数据的电路图

波特率设定模块：

```
module speed_select(clk, rst_n, bps_start, clk_bps);
input clk;
input rst_n;
input bps_start;
output clk_bps;
reg[12:0] cnt;
reg clk_bps_r;
always @ (posedge clk or negedge rst_n)
  if(! rst_n)cnt <=13'd0;
  else if((cnt==5207) || ! bps_start)
      cnt <=13'd0;
     else cnt <=cnt+1'b1;
always @ (posedge clk or negedge rst_n)
  if(! rst_n)clk_bps_r <=1'b0;
  else if(cnt==2603 && bps_start)
     clk_bps_r <=1'b1;
  else clk_bps_r <=1'b0;
assign clk_bps=clk_bps_r;
endmodule
```

数据接收模块：

```
module uart_rx(clk, rst_n, rs232_rx, rx_data, rx_int, clk_bps, bps_start);
input clk;
input rst_n;
input rs232_rx;
input clk_bps;
```

```
output reg bps_start;
output[7:0] rx_data;
output rx_int;
reg [3:0] rs232_reg;
wire neg_rs232_rx;
always @ (posedge clk or negedge rst_n) begin
    if(! rst_n) begin
            rs232_reg <=4'b0;
        end
    else begin
            rs232_reg[0] <=rs232_rx;
            rs232_reg[1] <=rs232_reg[0];
            rs232_reg[2] <=rs232_reg[1];
            rs232_reg[3] <=rs232_reg[2];
        end
end
assign neg_rs232_rx=rs232_reg[3] & rs232_reg[2] & ~rs232_reg[1] & ~rs232_reg[0];
reg[3:0] num;
reg rx_int;
always @ (posedge clk or negedge rst_n)
    if(! rst_n) begin
            bps_start_r <=1'bz;
            rx_int <=1'b0;
        end
    else if(neg_rs232_rx) begin
            bps_start<=1'b1;
            rx_int <=1'b1;
        end
    else if(num= =4'd11) begin
            bps_start <=1'b0;
            rx_int <=1'b0;
        end
reg[7:0] rx_data_r;
reg[7:0] rx_temp_data;
always @ (posedge clk or negedge rst_n)
    if(! rst_n) begin
```

```
            rx_temp_data <=8'd0;
            num <=4'd0;
            rx_data_r <=8'd0;
        end
    else if(rx_int)begin
        if(clk_bps)begin
            num <=num+1'b1;
            case(num)
                4'd1: rx_temp_data[0] <=rs232_rx;
                4'd2: rx_temp_data[1] <=rs232_rx;
                4'd3: rx_temp_data[2] <=rs232_rx;
                4'd4: rx_temp_data[3] <=rs232_rx;
                4'd5: rx_temp_data[4] <=rs232_rx;
                4'd6: rx_temp_data[5] <=rs232_rx;
                4'd7: rx_temp_data[6] <=rs232_rx;
                4'd8: rx_temp_data[7] <=rs232_rx;
                default:;
            endcase
        end
        else if(num==4'd10)begin
            num <=4'd0;
            rx_data_r <=rx_temp_data;
        end
    end
assign rx_data=rx_data_r;
```

顶层文件：

```
module uart_rx_top(clk, rst_n, rs232_rx, rx_data, rx_int);
input clk, rst_n, rs232_rx;
output [7:0] rx_data;
output rx_int;
wire bps_start1, clk_bps1;
speed_select    speed_rx(.clk(clk), .rst_n(rst_n), .bps_start(bps_start1), .clk_bps
                (clk_bps1));
uart_rx         uart_rx(.clk(clk), .rst_n(rst_n), .rs232_rx(rs232_rx), .rx_data(rx_
                data), .rx_int(rx_int), clk_bps(clk_bps1), .bps_start(bps_start1));
endmodule
```

程序说明：

（1）speed_select 模块实现传输波特率时钟设定。系统的数据传输速率为 9600bps，传输一位数据所需要的时间为 1/9600s。系统的时钟频率为 50MHz，50MHz/9600 = 5208，计数器 cnt 从 0 计到 5208-1 即为 1/9600s，计数器 cnt 实现从 0 到 5027 的循环计数，即数据采样频率与传输数据同比特率。在对输入数据采样时，数据采样点为数据传输的中点，即当计数器 cnt = 5208/2-1 = 2603 时 clk_bps 为高电平实现数据采样，cnt 为其他数值时 clk_bps 为低电平。bps_start 信号为波特率计数启动信号，当 bps_start 信号为高电平时开始计数，低电平停止计数。

（2）uart_rx 模块实现数据接收。rs232_rx 空闲时处于高电平，起始位为低电平，当数据输入时 rs232_rx 由空闲位到起始位即产生一个下降沿，利用 assign neg_rs232_rx = rs232_reg[3] & rs232_reg[2] & ~rs232_reg[1] & ~rs232_reg[0]；语句实现数据输入信号检测，neg_rs232_rx 检测有输入信号即产生高电平，启动串口开始准备数据接收（bps_start 为高电平）。

串口通信协议起始位 1 位（低电平）、数据位 8 位、奇偶校验位 1 位和停止 1 位或 2 位位（高电平），现在假设不要奇偶校验位一帧数据 11 位。利用 num 计算一帧数据 num = 1 时，rs232_rx 赋值给 rx_temp_data[0]，依次类推，当 num = 8 时，rs232_rx 赋值给 rx_temp_data[7]，当 num = 10 完成一帧计数 bps_start 为低电平结束数据接收，实现串口数据的读入。

【例 5-7】 设计利用 FPGA 通过串口与计算机实现通信，串口处于单工工作状态。要求以 9600 的波特率向 PC 机上的串口调试工具发送数据，串口发送数据的电路图如图 5-10 所示。

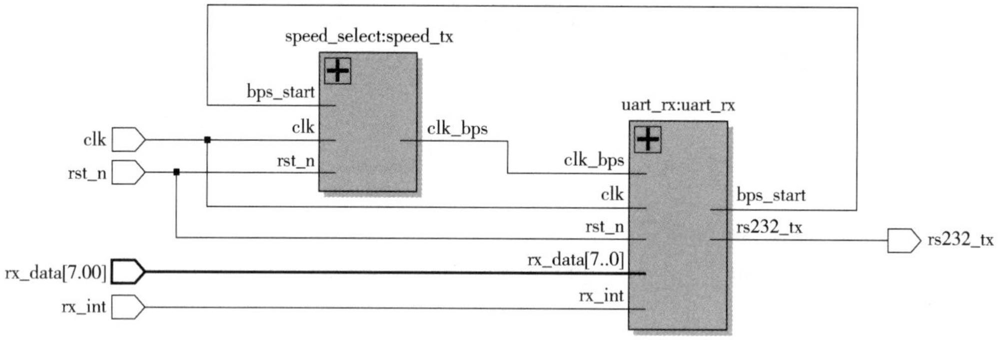

图 5-10 串口发送数据的电路图

数据发送模块：

```
module uart_tx(clk, rst_n, rx_data, rx_int, rs232_tx, clk_bps, bps_start);
input clk;
input rst_n;
input clk_bps;
input[7:0] rx_data;
```

```
input rx_int;
output rs232_tx;
output reg bps_start;
reg [1:0]rx_intreg;
          wire neg_rx_int;
always @ (posedge clk or negedge rst_n) begin
    if(! rst_n) begin
          rx_intreg=2'b0;
          end
    else begin
              rx_intreg[0] <=rx_int;
              rx_intreg[1] <=rx_intreg[0];
          end
end
assign neg_rx_int=~rx_intreg[0] & rx_intreg[1];
reg[7:0] tx_data;
reg tx_en;
reg[3:0] num;
always @ (posedge clk or negedge rst_n) begin
    if(! rst_n) begin
              bps_start<=1'bz;
              tx_en <=1'b0;
              tx_data <=8'd0;
          end
    else if(neg_rx_int)
          begin
              bps_start<=1'b1;
              tx_data <=rx_data;
              tx_en <=1'b1;
              end
    else if(num==4'd11) begin
              bps_start <=1'b0;
              tx_en <=1'b0;
          end
end
reg rs232_tx_r;
always @ (posedge clk or negedge rst_n) begin
```

```
        if(! rst_n) begin
                num <=4'd0;
                rs232_tx_r <=1'b1;
            end
        else if(tx_en) begin
                if(clk_bps)  begin
                    num <=num+1'b1;
                    case (num)
                        4'd0: rs232_tx_r <=1'b0;
                        4'd1: rs232_tx_r <=tx_data[0];
                        4'd2: rs232_tx_r <=tx_data[1];
                        4'd3: rs232_tx_r <=tx_data[2];
                        4'd4: rs232_tx_r <=tx_data[3];
                        4'd5: rs232_tx_r <=tx_data[4];
                        4'd6: rs232_tx_r <=tx_data[5];
                        4'd7: rs232_tx_r <=tx_data[6];
                        4'd8: rs232_tx_r <=tx_data[7];
                        4'd9: rs232_tx_r <=1'b1;
                        default: rs232_tx_r <=1'b1;
                        endcase
                    end
                else if(num==4'd10) num <=4'd0;
            end
    end
    assign rs232_tx=rs232_tx_r;
    endmodule
```

顶层文件：

```
module uart_tx_top(clk, rst_n, rx_data, rx_int, rs232_tx);
input clk, rst_n, rx_int;
input[7:0] rx_data;
output rs232_tx;
wire bps_start2, clk_bps2;
speed_select   speed_tx(.clk(clk), .rst_n(rst_n), .bps_start(bps_start2), .clk_bps(clk
               _bps2));
uart_tx        uart_tx(.clk(clk), .rst_n(rst_n), .rx_data(rx_data), .rx_int(rx_
               int), .rs232_tx(rs232_tx), .clk_bps(clk_bps2), .bps_start(bps_start2));
endmodule
```

程序说明：

（1）本设计中要求采用 9600bps 的传输波特率，波特率设定模块如例 5-5 所示。

（2）uart_tx 模块实现数据发送，当串口处于数据接收时 rx_int 处于高电平，数据接收完毕，rx_int 处于低电平。利用 assign neg_rx_int = ~rx_intreg[0] & rx_intreg[1]；语句检测 rx_int 下降沿即串口数据接收完成可进行数据发送。利用 num 完成一帧数据的计数，当 num=0 时，rs232_tx_r 置低，即串口的起始位；当 num=1~8 时，对 rs232_tx_r 进行从低到高赋值；当 num=9~10 时，rs232_tx_r=1 串口停止工作即串口的空闲位。

5.5 VGA 接口电路设计

VGA 显示的彩色图像是由 R、G、B 三基色组成。显示采用逐行扫描的方式实现，扫描从屏幕的左上方开始，显示从左到右(受水平同步信号 HSYNC 控制)、从上到下(受垂直同步信号 VSYNC 控制)做有规律的移动。屏幕从左上角一点开始，从左到右逐点扫描(显示)，每扫描完一行，又重新回到屏幕左边下一行起始位置开始扫描。扫描完所有行，形成一帧时，用场同步信号进行场同步，扫描又回到屏幕左上方。行场扫描时序如图 5-11 所示。

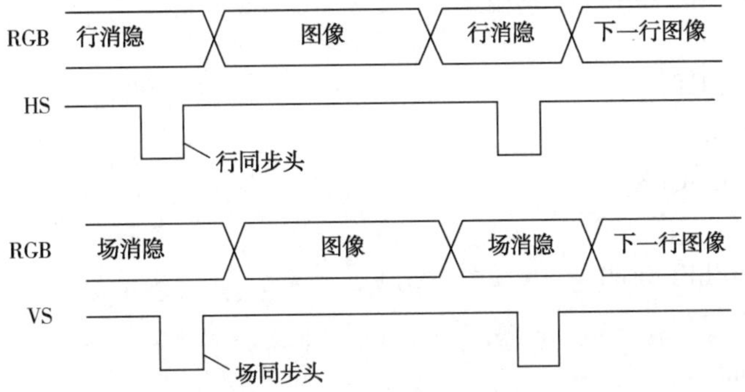

图 5-11 行场扫描时序

在设计 VGA 行场扫描控制信号时，参考表 5-15 各种显示模式的水平和垂直同步信号的时钟规范。

表 5-15 图像显示扫描参数表

显示模式	时钟/MHz	行时序(像素数)					帧时序(行数)				
		a	b	c	d	e	o	p	q	r	s
640 * 480@ 60	25.175	96	48	640	16	800	2	33	480	10	525
640 * 480@ 75	31.5	64	120	640	16	840	3	16	480	1	500
800 * 600@ 60	40.0	128	88	800	40	1056	4	23	600	1	628
800 * 600@ 75	49.5	80	160	800	16	1056	3	21	600	1	625
1024 * 768@ 75	78.8	176	176	1024	16	1312	3	28	768	1	800
1028 * 1024@ 60	108.0	112	248	1280	48	1688	3	38	1024	1	1066

续表

显示模式	时钟/MHz	行时序(像素数)					帧时序(行数)				
		a	b	c	d	e	o	p	q	r	s
1028 * 800@ 60	83.46	136	200	1280	64	1680	3	24	800	1	828
1440 * 900@ 60	106.47	152	232	1440	80	1904	3	28	900	1	932

【例 5-8】 设计 VGA 驱动电路，实现驱动显示模式为 640 * 480@ 60 的静态图像显示。VGA 静态图片显示的内部逻辑结构原理图如图 5-12 所示。

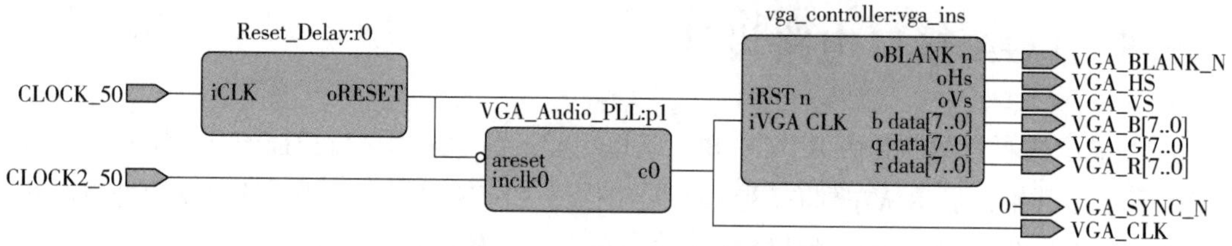

图 5-12 VGA 静态图片显示的内部逻辑结构原理图

VGA 分频模块：

```
module Reset_Delay(iCLK, oRESET);
input iCLK;
output reg  oRESET;
reg[19:0]  Cont;
always@(posedge iCLK)
begin
  if(Cont! =20'hFFFFF)
  begin
    Cont<=Cont+1;
    oRESET<=1'b0;
  end
    else
    oRESET<=1'b1;
end
endmodule
```

扫描控制信号：

```
module video_sync_generator(reset, vga_clk, blank_n, HS, VS);
input reset;
input vga_clk;
output reg blank_n;
output reg HS;
output reg VS;
parameter hori_line  =800;
```

```
parameter hori_back    =144;
parameter hori_front=16;
parameter vert_line    =525;
parameter vert_back    =35;
parameter vert_front=10;
parameter H_sync_cycle=96;
parameter V_sync_cycle=2;
reg [10:0] h_cnt;
reg [9:0]  v_cnt;
wire cHD, cVD, cDEN, hori_valid, vert_valid;
always@(negedge vga_clk, posedge reset)
begin
  if(reset)
  begin
     h_cnt<=11'd0;
     v_cnt<=10'd0;
  end
    else
    begin
      if(h_cnt==hori_line-1)
      begin
         h_cnt<=11'd0;
         if(v_cnt==vert_line-1)
             v_cnt<=10'd0;
         else
             v_cnt<=v_cnt+1;
      end
      else
         h_cnt<=h_cnt+1;
    end
end
assign cHD=(h_cnt<H_sync_cycle)? 1'b0: 1'b1;
assign cVD=(v_cnt<V_sync_cycle)? 1'b0: 1'b1;
assign hori_valid=(h_cnt<(hori_line-hori_front)&& h_cnt>=hori_back)? 1'b1: 1'b0;
assign vert_valid=(v_cnt<(vert_line-vert_front)&& v_cnt>=vert_back)? 1'b1: 1'b0;
assign cDEN=hori_valid && vert_valid;
always@(negedge vga_clk)
begin
  HS<=cHD;
```

```
    VS<=cVD;
    blank_n<=cDEN;
  end
  endmodule
```

VGA 控制电路:

```
module vga_controller(iRST_n, iVGA_CLK, oBLANK_n, oHS, oVS, b_data, g_data, r
_data);
  input iRST_n;
  input iVGA_CLK;
  output reg oBLANK_n;
  output reg oHS, oVS;
  output [7:0] b_data, g_data, r_data;
  reg [18:0] ADDR;
  reg [23:0] bgr_data;
  wire VGA_CLK_n;
  wire [7:0] index;
  wire [23:0] bgr_data_raw;
  wire cBLANK_n, cHS, cVS, rst;
  assign rst=~iRST_n;
  video_sync_generator LTM_ins(.vga_clk(iVGA_CLK),
                               .reset(rst),
                               .blank_n(cBLANK_n),
                               .HS(cHS),
                               .VS(cVS));
  always@(posedge iVGA_CLK, negedge iRST_n)
  begin
    if(! iRST_n)
       ADDR<=19'd0;
    else if(cHS==1'b0 && cVS==1'b0)
       ADDR<=19'd0;
    else if(cBLANK_n==1'b1)
       ADDR<=ADDR+1;
  end
  assign VGA_CLK_n=~iVGA_CLK;
  img_dataimg_data_inst(
       .address(ADDR),
       .clock(VGA_CLK_n),
       .q(index)
```

```
        );
    img_indeximg_index_inst(
        .address(index),
        .clock(iVGA_CLK),
        .q(bgr_data_raw));
    always@(posedge VGA_CLK_n)
    bgr_data <=bgr_data_raw;
    assign b_data=bgr_data[23:16];
    assign g_data=bgr_data[15:8];
    assign r_data=bgr_data[7:0];
    always@(negedge iVGA_CLK)
    begin
      oHS<=cHS;
      oVS<=cVS;
      oBLANK_n<=cBLANK_n;
    end
    endmodule
```

顶层实体：

```
    moduleTOP
    (CLOCK_50, CLOCK2_50, VGA_B, VGA_BLANK_N, VGA_CLK, VGA_G, VGA_HS,
VGA_R, VGA_SYNC_N, VGA_VS);
    input     CLOCK_50, CLOCK2_50;
    output     [7:0]VGA_B, VGA_G, VGA_R;
    output     VGA_BLANK_N, VGA_SYNC_N;
    output     VGA_CLK;
    output     VGA_HS, VGA_VS
    wirem     VGA_CLK;
    wire   [9:0]mRed, mGreen, mBlue;
    wire   VGA_Read;
    wire   [9:0] recon_VGA_R, recon_VGA_G, recon_VGA_B;
    Reset_Delay r0(.iCLK(CLOCK_50), .oRESET(DLY_RST));
    VGA_Audio_PLL   p1(.areset(~DLY_RST),
                       .inclk0(CLOCK2_50),
                       .c0(VGA_CTRL_CLK),
                       .c1(AUD_CTRL_CLK),
                       .c2(mVGA_CLK));
    assign VGA_CLK=VGA_CTRL_CLK;
```

```
vga_controller vga_ins(.iRST_n(DLY_RST),
                       .iVGA_CLK(VGA_CTRL_CLK),
                       .oBLANK_n(VGA_BLANK_N),
                       .oHS(VGA_HS), .oVS(VGA_VS),
                       .b_data(VGA_B),
                       .g_data(VGA_G),
                       .r_data(VGA_R));
endmodule
```

程序说明：

（1）本设计需要驱动的 VGA 模式为 640＊480@60，该模式的参数如表 5-15 所示，扫描控制信号的生成由 video_sync_generator 模块完成。其中 h_cnt 主要对行像素点进行 0～799 计数，v_cnt 主要对列像素点进行 0～524 计数，当行像素点在 143～783 之间且列像素点在 24～514 之间，VGA 显示器正常工作。

（2）该设计完成的是彩色图像的静态显示，图像信息的存储采用了两个模块：img_index 和 img_data，其中 img_index 存储的是彩色图像三基色的基本色素信息（共 24 位数据），img_data 存储的是每一点图像所对应的三基色的地址。两个模块都先将数据信息存储在 .mif 格式文件中，再利用 MegaWizard Plug-In Manger 生成 ROM 文件，将图像的数据信息存入 ROM。最终将生成的 ROM 模块转换成 Verilog HDL 文本。

（3）VGA_Audio 为锁相环电路，可以对系统时钟信号进行分频和倍频。在本设计中锁相环完成对输入时钟信号二分频。锁相环设置的步骤如下：

第一步：单击 Tools \ MegaWizard Plug-In Manger，在弹出的对话框中选择第 1 项，以建立一个新的用户自定义的 Megafunction。

第二步：点击 Next 按钮之后，选择列表框中的 ALTPLL 并指定锁相环的输出文件名称，如图 5-13 所示。

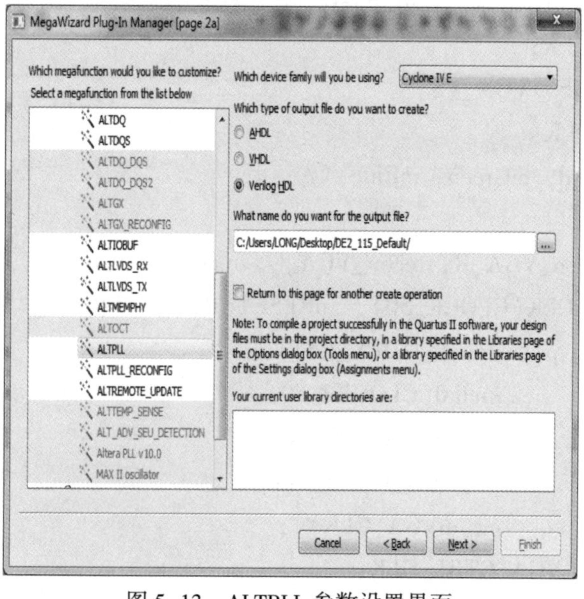

图 5-13　ALTPLL 参数设置界面

第三步：指定器件类型和速度等级，并设置锁相环的输入频率，此处选择 50MHz（图 5-14）。

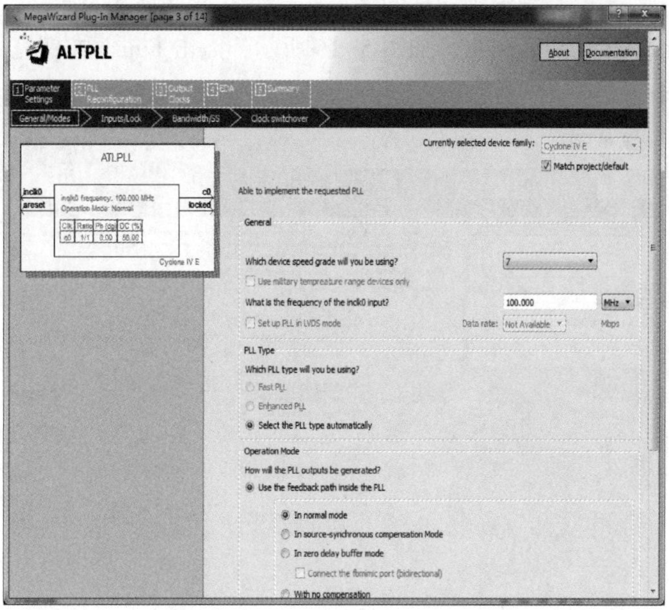

图 5-14　ALTPLL 参数设置界面

第四步：点击 Next 后，指定锁相环的其他控制引脚，这里我们不使用其他控制引脚，所以取消所有选项，如图 5-15 所示。

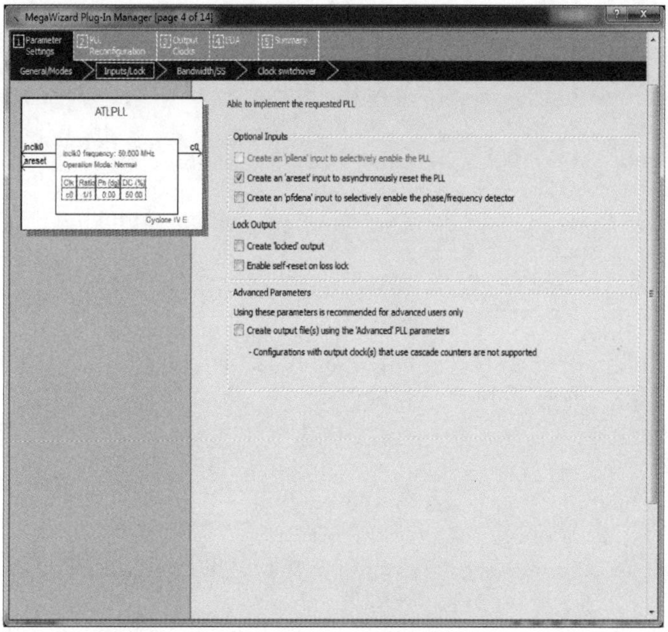

图 5-15　ALTPLL 管脚设置界面

第五步：点击 Next 后，所出现的对话框会询问是否添加其他时钟输入端，这里我们只对一个时钟进行分频，所以不选择其他时钟。

第六步：点击 Next 后，指定锁相环的输出频率，在此选择 25MHz。

第七步：直接 Next 到最后一步，如图 5-16 所示，点击 Finish 按钮完成锁相环的制作。

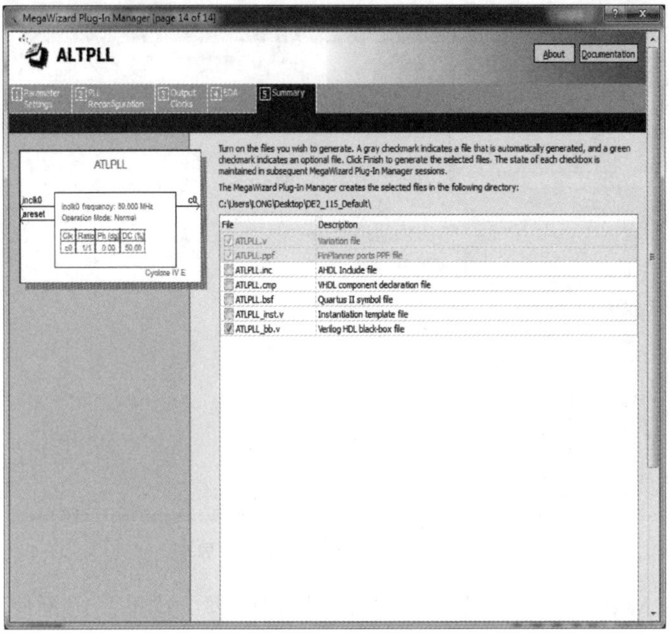

图 5-16　ALTPLL 设置完成界面

第 6 章　EDA 设计实例训练项目

6.1　数字频率计设计

6.1.1　设计要求

设计一个量程为 0~9.999MHz 并具有自动切换测量挡位功能的数字频率计。频率计共设置三个挡位：A 挡测量范围为 0~9999Hz，B 挡测量范围为 10.00~999.9kHz，C 挡测量范围为 1.000~9.999MHz，如果超出测量量程则显示 E。测量挡位及测量结果在六位数码管上显示。

6.1.2　数字频率计测量原理

频率的测量方法很多，常见的有频率测量法、周期测量法和等精度测量法三种，下面介绍三种测量方法的基本原理。

1. 频率测量法

在测量时间 T 内对待测信号 clk_fx 的时钟周期 N_x 进行计数，进而求出单位时间内待测信号的周期数，即可求出待测信号的频率，见公式(6-1)。原理如图 6-1 所示。

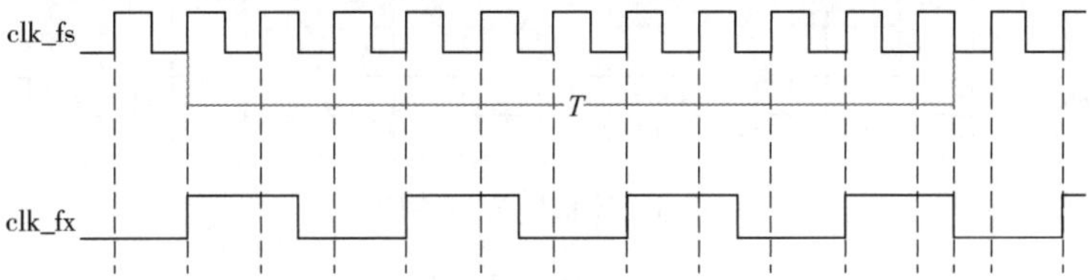

图 6-1　频率测量法原理

待测信号的频率为：

$$\text{clk\_fx} = N_x / T \tag{6-1}$$

此测量方法待测信号和基准时钟存在一定的错位，因此在测量中 N_x 会产生±1 个待测信号周期的误差。当待测信号频率较高时，待测信号的周期很窄，在时间 T 内 N_x 的基数增大，±1 个待测信号周期对误差影响不大。因此频率测量法适用于高频信号的频率测量。

2. 周期测量法

计算待测信号的一个周期内有多少个基准时钟，用基准时钟的周期数 N_s 来代替待测信号的周期 T，根据频率 $f = 1/T$ 求出待测时钟信号的频率，见公式(6-2)，原理如图 6-2 所示。

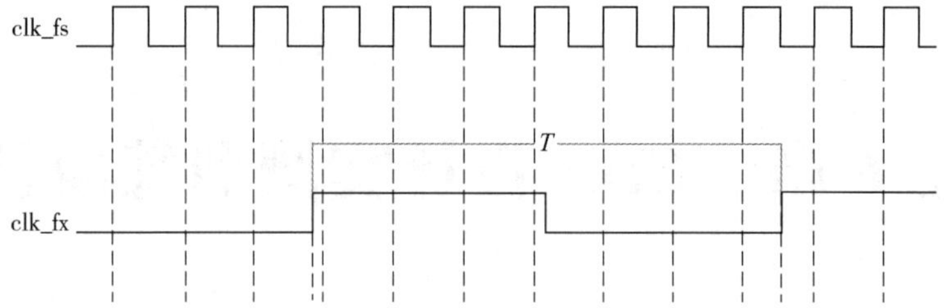

图 6-2　周期测量法原理

待测信号的频率为:

$$clk\_fx = clk\_fs / N_s \tag{6-2}$$

测量时待测信号和基准时钟也会存在一定的错位,因此测量中的 N_s 也会产生±1 个基准时钟信号周期的误差。当待测信号频率较低时,待测信号周期较宽,与基准时钟信号的周期相差较大,N_s 的基数增大使±1 个标准信号周期的误差影响不大。因此周期测量法适用于低频信号频率的测量。

3. 等精度测量法

等精度测量法的测量门控时间不是固定值,而是待测时钟信号周期的整数倍。在测量时会在门控信号下同时对基准时钟和待测时钟信号的时钟周期进行计数,再通过公式(6-3)~公式(6-5)计算,得到待测信号的时钟频率。

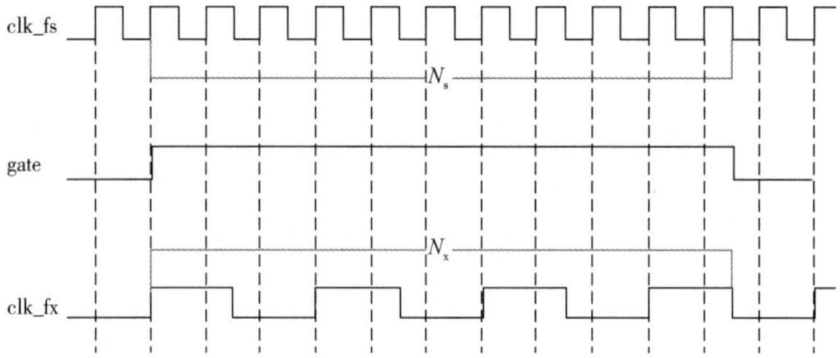

图 6-3　等精度测量法原理

$$gate = N_s / clk\_fs \tag{6-3}$$

$$gate = N_x / clk\_fx \tag{6-4}$$

等精度测量法测量的频率值为:

$$clk\_fx = clk\_fs * N_x / N_s \tag{6-5}$$

测量时由于门控信号是待测时钟信号周期的整数倍,但不是基准时钟周期的整数倍,故可能与基准时钟信号产生一定的错位,导致 N_s 出现±1 个误差的情况。可以通过增大门控时间、增大 N_s 与 N_x 的基数,或增大基准时钟频率 clk_fs 的方式来减小误差。

虽然等精度频率测量法也存在一定的误差,但误差比频率测量法和周期测量法要小很多,且等精度频率法测量不受待测信号频率高低的限制。在本设计中采用等精度测量的方式设计数字频率计。

6.1.3 系统设计方案

根据设计要求该系统可由 5 个模块构成，如图 6-4 所示。

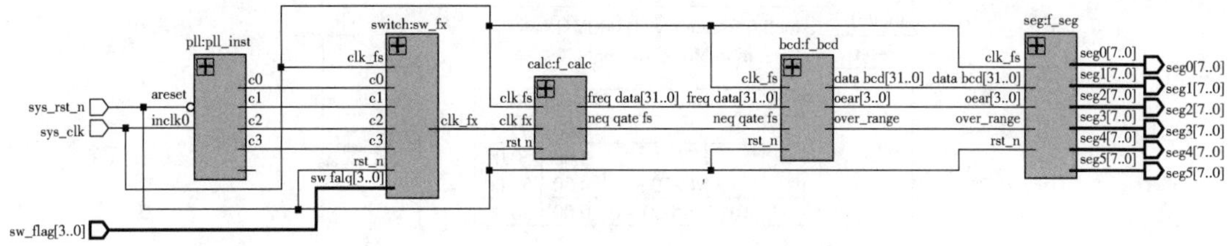

图 6-4 数字频率计的内部逻辑结构原理图

锁相环(pll)：对系统提供的 50MHz 的时钟信号进行分频，产生 25MHz、2MHz、888. 3kHz、50. 10kHz 的待测信号。

开关模块(switch)：通过开关选择将锁相环分频输出的不同频率信号输出为待测信号。

计算模块(calc)：根据待测信号产生一个闸门信号，通过边沿检测提取闸门信号的下降沿。在闸门时间内分别对系统时钟与待测信号进行计数，得出待测时钟信号的频率。

转码(bcd)模块：通过移位的方式将计算模块测量的待测信号的二进制频率转换为 bcd 编码。

显示模块(seg)：对挡位与超量程情况进行判断，将频率测量结果在六个数码管上显示。

6.1.4 PLL 锁相环模块设计

PLL(Phase Locked Loop，锁相环)是 QUARTUS 中常用的 IP 核，它可对输入的时钟信号进行任意分频、倍频、相位调节以及占空比调节，从而获得期望的时钟信号。在此利用锁相环对系统提供的 50MHz 的时钟信号进行分频，分别获得 25MHz、2MHz、888. 3kHz、50. 10kHz 的待测信号。

锁相环的配置如图 6-5 所示。

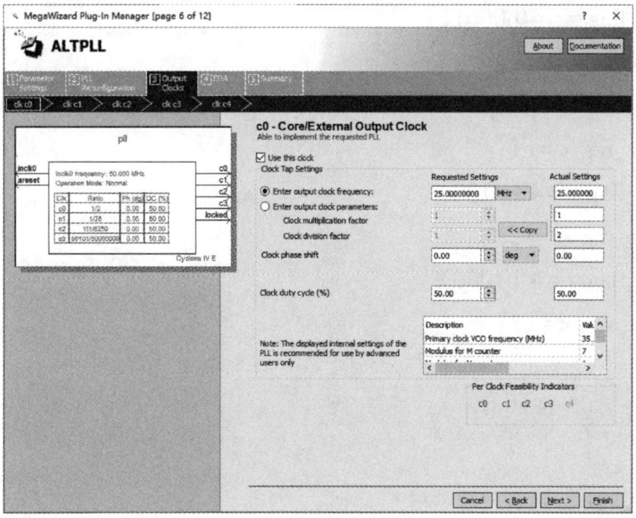

图 6-5 锁相环配置

锁相环分频参数设置如图 6-6 所示。

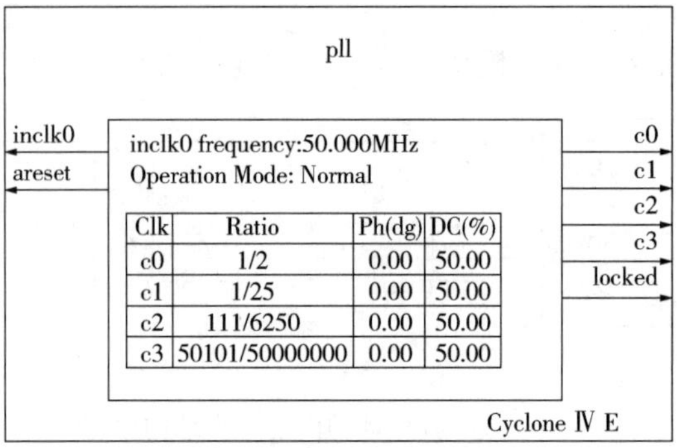

图 6-6　锁相环分频参数设置

该锁相环输入为复位信号和 50MHz 的时钟信号，输出为 25MHz、2MHz、888. 3kHz、50. 10kHz 四个不同频率的待测信号。

【例 6-1】 switch 开关模块。

```
module switch(clk_fs, rst_n, sw_flag, c0, c1, c2, c3, clk_fx);
input clk_fs, rst_n;
input [3:0] sw_flag;     //按键信号
input  c0, c1, c2, c3;   // 分别为 25MHz、2MHz、888. 3kHz、50. 10kHz
output  clk_fx; // 待测信号
regclk_fx_reg;       // 输入信号寄存器
always @ (posedge clk_fs or negedge rst_n)
begin
    if(rst_n==0)
        clk_fx_reg <=1'b0;
    else if(sw_flag==4'b0001)
        clk_fx_reg <=c0;
    else if(sw_flag==4'b0010)
        clk_fx_reg <=c1;
    else if(sw_flag==4'b0100)
        clk_fx_reg <=c2;
    else if(sw_flag==4'b1000)
        clk_fx_reg <=c3;
    else
        clk_fx_reg <=1'b0;
end
assign clk_fx=clk_fx_reg;
endmodule
```

程序说明：

开关控制是将 sw_flag 的四位选择 25MHz、2MHz、888.3kHz、50.10kHz 频率信号的其中之一作为待测信号，当 sw_flag[0]为高电平时，待测信号为 25MHz；当 sw_flag[1]为高电平时，待测信号为 2MHz；当 sw_flag[2]为高电平时，待测信号为 883kHz；当 sw_flag[3]为高电平时，待测信号为 50.10kHz。其他输入时，待测信号输出为低电平。

【例 6-2】 calc 计算模块。

```
module   calc(clk_fs, rst_n, clk_fx, neg_gate_fs, freq_data);
input     clk_fs, rst_n;
input     clk_fx; // 待测信号
output     neg_gate_fs; // 基准时钟下门控信号下降沿
output     [31:0]  freq_data; // 待测信号频率
parameter     GATE_CNT=16'd500;        // 门控时间设置(GATE_CNT * clk_fx 的周期)
parameter     CLK_FS=26'd50_000_000; // 基准时钟频率
reg    gate;    // 门控信号
reg     [15:0]   gate_cnt;     // 门控信号计数器
reg              gate_fs_dly, gate_fx_dly; // 用于采集基准时钟、待测信号 gate 下降沿
reg     [31:0]   freq_data_reg;             // 待测信号频率寄存器
reg     [31:0]   fs_cnt_temp, fx_cnt_temp;     // 基准时钟、待测信号计数器
reg     [31:0]   fs_cnt, fx_cnt;                // 门控时间内基准时钟、待测信号个数
wire   neg_gate_fx; // 待测信号下门控信号下降沿
// 使用待测信号产生门控信号计数器
always @(posedge clk_fx or negedge rst_n)
begin
    if(! rst_n)
        gate_cnt <=16'd0;
    else if(gate_cnt==GATE_CNT+5'd20)
        gate_cnt <=16'd0;
    else gate_cnt <=gate_cnt+1'b1;
end
// 门控信号，时间为 GATE_CNT 个待测信号周期
always @(posedge clk_fx or negedge rst_n)
begin
    if(! rst_n)
        gate <=1'b0;
    else if(gate_cnt < 4'd10)
        gate <=1'b0;
    else if(gate_cnt < GATE_CNT+4'd10)
```

```
            gate <=1'b1;
        else if(gate_cnt <=GATE_CNT+5'd20)
            gate <=1'b0;
        else gate <=1'b0;
end
// 采集基准时钟下门控信号下降沿
always @ (posedge clk_fs or negedge rst_n)
begin
        if(! rst_n)
            gate_fs_dly <=1'b0;
        else
            gate_fs_dly <=gate;
end
assign neg_gate_fs=gate_fs_dly & ~gate;
// 采集待测信号下门控信号下降沿
always @ (posedge clk_fx or negedge rst_n)
begin
        if(rst_n==1'b0)
            gate_fx_dly <=1'b0;
        else
            gate_fx_dly <=gate;
end
assign neg_gate_fx=gate_fx_dly & ~gate;
// 门控时间内待测信号的计数(设置为 500)
always @ (posedge clk_fx or negedge rst_n)
begin
        if(! rst_n)begin
            fx_cnt_temp <=32'd0;
            fx_cnt <=32'd0;
        end
        else if(gate)
fx_cnt_temp <=fx_cnt_temp+1'b1;
        else if(neg_gate_fx)begin
            fx_cnt_temp <=32'd0;
            fx_cnt <=fx_cnt_temp;
        end
end
```

```
// 门控时间内基准时钟信号的计数
always @ (posedge clk_fs or negedge rst_n) begin
    if(! rst_n) begin
        fs_cnt_temp <= 32'd0;
        fs_cnt <= 32'd0;
    end
    else if(gate)
        fs_cnt_temp <=fs_cnt_temp+1'b1;
    else if(neg_gate_fs) begin
fs_cnt_temp <= 32'd0;
fs_cnt <=fs_cnt_temp;
    end
end
//计算待测信号频率值
always @ (posedge clk_fs or negedge rst_n)
begin
    if(! rst_n)
        freq_data_reg <= 32'd0;
    else if(gate = = 1'b0)
  freq_data_reg <= CLK_FS * fx_cnt/fs_cnt;
end
assignfreq_data = freq_data_reg;
endmodule
```

程序说明：

(1) 利用等精度测量法设计数字频率计，首先生成一个待测信号 500 倍周期的门控信号 gate。gate_cnt 为待测信号 clk_fx 的周期计数器，计数范围为 0~520。当 gate_cnt 在 0~9 时，gate 为低电平；当 gate_cnt 在 10~509 时，gate 为高电平；当 gate_cnt 在 510~520 时，gate 为低电平。gate 为高电平时，进行待测信号的频率测量。

(2) 利用边沿检测法，分别检测基准时钟的门控信号的下降沿 neg_gate_fs 和待测信号的门控信号的下降沿 neg_gate_fx，当检测到下降沿时，频率测量的计数结束。

(3) 在门控时间内分别对基准时钟的周期与待测信号的周期进行计数，将两个计数结果代入公式(6-1)中，即得到待测信号的频率值。

$$clk\_fx = CLK\_FS * fx\_cnt / fs\_cnt \tag{6-6}$$

【例 6-3】 BCD 转码模块。

```
module  bcd(clk_fs, rst_n, freq_data, neg_gate_fs, gear, over_range, data_bcd);
input    clk_fs;            // 基准时钟信号
input    rst_n;             // 复位信号
```

```
input    [31:0]   freq_data;            // 待测信号频率
input     neg_gate_fs;          // 基准时钟下门控信号下降沿
output    [3:0]   gear;          // 输出挡位
output    over_range;          // 超出量程
output    [31:0]   data_bcd;           // 待测信号频率 BCD 码
reg   [3:0]gear_reg;          // 输出挡位寄存器
reg    over_range_reg;          // 超出量程寄存器
reg    [31:0]   data_bcd_reg;            // BCD 码寄存器
reg    [5:0]    cnt_shift;           //移位计数器
reg    [63:0]   data_shift;          //移位数据寄存器
reg    shift_flag;          //移位标志信号
// 移位标志信号，用以控制判断和移位顺序
always@(posedge clk_fs or negedge rst_n)
    if(rst_n==1'b0)
        shift_flag <=1'b0;
    else
        shift_flag <=~shift_flag;
// 移位计数器，用来设置移位的次数
always@(posedge clk_fs or negedge rst_n)
    if(rst_n==1'b0)
        cnt_shift <=6'd0;
    else if((cnt_shift==6'd33)&&(shift_flag==1'b1))
        cnt_shift <=6'd0;
    else if(shift_flag==1'b1)
        cnt_shift <=cnt_shift+1'b1;
    else
        cnt_shift <=cnt_shift;
// 将待测信号频率通过判断移位转换为 BCD 码的形式，通过数码管进行显示
always@(posedge clk_fs or negedge rst_n)
    if(rst_n==1'b0)
        data_shift <=64'b0;
    else if(cnt_shift==6'd0)
        data_shift <={32'b0, freq_data};
    else if((cnt_shift <=32)&&(shift_flag==1'b0))
     begin
    data_shift[35:32]<=(data_shift[35:32]>4)? (data_shift[35:32]+2'd3): (data_
shift[35:32]);
```

```
    data_shift[39:36]<=(data_shift[39:36]>4)? (data_shift[39:36]+2'd3):(data_
shift[39:36]);
    data_shift[43:40]<=(data_shift[43:40]>4)? (data_shift[43:40]+2'd3):(data_
shift[43:40]);
    data_shift[47:44]<=(data_shift[47:44]>4)? (data_shift[47:44]+2'd3):(data_
shift[47:44]);
    data_shift[51:48]<=(data_shift[51:48]>4)? (data_shift[51:48]+2'd3):(data_
shift[51:48]);
    data_shift[55:52]<=(data_shift[55:52]>4)? (data_shift[55:52]+2'd3):(data_
shift[55:52]);
    data_shift[59:56]<=(data_shift[59:56]>4)? (data_shift[59:56]+2'd3):(data_
shift[59:56]);
    data_shift[63:60]<=(data_shift[63:60]>4)? (data_shift[63:60]+2'd3):(data_
shift[63:60]);
        end
    else if((cnt_shift <=32)&&(shift_flag==1'b1))
        data_shift <=data_shift << 1;
    else
        data_shift <=data_shift;
// 将转换好的 BCD 码进行锁存
always@(posedge clk_fs or negedge rst_n)
    if(rst_n==1'b0)
        data_bcd_reg   <=   1'b0;
    else if(cnt_shift==6'd33)
        data_bcd_reg   <=   data_shift[63:32];
// 测量输出挡位
always @(posedge clk_fs or negedge rst_n)begin
    if(rst_n==1'b0)begin
            gear_reg <=4'd0;
    end
    else if(neg_gate_fs)begin
        if(data_bcd_reg[27:24]! =0)begin
            gear_reg <=4'd4; end                // 第 4 挡
        else if(data_bcd_reg[23:20]! =0)begin
            gear_reg <=4'd3; end                // 第 3 挡
        else if(data_bcd_reg[19:16]! =0)begin
            gear_reg <=4'd2; end                // 第 2 挡
```

```
            else begin gear_reg <=4'd1; end          // 第 1 挡
        end
        else begin
            gear_reg <=gear_reg;
        end
    end
    // 输出超出量程情况(>9.999MHz)
    always @ (posedge clk_fs or negedge rst_n)begin
        if(rst_n==1'b0)begin
            over_range_reg <=1'b0;
        end
        else if(neg_gate_fs)begin
            if(data_bcd_reg[31:28]!=0)begin
                over_range_reg <=1'b1;
            end
            else begin
                    over_range_reg <=1'b0;
            end
        end
        else begin
            over_range_reg <=over_range_reg;
        end
    end
    assign   gear=gear_reg;
    assign   over_range=over_range_reg;
    assign   data_bcd=data_bcd_reg;
    endmodule
```

程序说明：

(1) 在 calc 计算模块中计算的待测信号频率为二进制数据，为方便数据在数码管中译码显示，需将二进制数转换为 BCD。二进制转换为 BCD 码主要采用移位操作，首先在 freq_data 前补 32 位 0，形成 64 位二进制数据 data_shift。然后从第 32 位开始，每 4 位为一个 BCD 码对应的十进制数，先判断各 BCD 码是否大于 4，如果大于 4 则加 3，如果小于等于 4 则保持原值不变。最后再将运算后的数据向左移 1 位，移位后再继续判断、运算、移位，如此反复 32 次，data_shift[63:32]为转换后的 BCD 码。

(2) 测量范围判断，通过判断 BCD 码频率值的最高位进而对待测信号频率的挡位进行设定：第 1 挡 0~9999Hz、第 2 挡 10.00~99.99kHz、第 3 挡 100.0~999.9kHz 和第 4 挡 1.000~9.999MHz。对于不同的挡位，数码管显示模块对应不同的显示挡位。

（3）超量程判断，当 data_bcd_reg[31：28]不等于 0，频率千万位有数值时，待测信号频率值超过 9.999MHz，即待测信号频率超过最大量程。

【例 6-4】 seg 显示模块。

```
module seg(clk_fs, rst_n, gear, over_range, data_bcd, seg0, seg1, seg2, seg3, seg4,
seg5);
    input       clk_fs, rst_n;
    input [3:0] gear; // 输出挡位
    input       over_range;            // 超出量程
    input [31:0] data_bcd;             // 待测信号频率 BCD 码
    output [7:0] seg0, seg1, seg2, seg3, seg4, seg5;          // 显示数码管 0~5
    reg [3:0] lev;              // 数码管显示挡位
    reg [3:0] seg_data0, seg_data1, seg_data2, seg_data3, seg_data4, seg_data5; //数码
管 0~5 的数据
    reg     dp1, dp2, dp3;                                             // 小数点
1~3
    wire [7:0] seg_code0, seg_code1, seg_code2, seg_code3, seg_code4, seg_code5;
    // 数码管显示挡位
    always @ (posedge clk_fs or negedge rst_n) begin
        if(rst_n==1'b0) begin
            lev <=4'hA;
        end
        else if(over_range==1) begin       // 显示 E 挡，超出量程
            lev <=4'hE;
        end
        else if(gear==1) begin              // 显示 A 挡，X1HZ
            lev <=4'hA;
        end
        else if(gear==2 || gear==3) begin // 显示 B 挡，X1KHZ
            lev <=4'hB;
        end
        else if(gear==4) begin              // 显示 C 挡，X1MHZ
            lev <=4'hC;
        end
        else begin
            lev <=lev;
        end
    end
```

```
// 数码管对应数据
always @ (posedge clk_fs or negedge rst_n)begin
    if(rst_n==1'b0)begin
        seg_data0 <=0;
        seg_data1 <=0;
        seg_data2 <=0;
        seg_data3 <=0;
        seg_data4 <=0;
        seg_data5 <=0;
        dp1 <=1'b0;
        dp2 <=1'b0;
        dp3 <=1'b0;
    end
  else if(over_range)begin//超出量程，数码管显示 E—EEEE
        seg_data0 <=4'hE;
        seg_data1 <=4'hE;
        seg_data2 <=4'hE;
        seg_data3 <=4'hE;
        seg_data4 <=4'hF;
        seg_data5 <=lev;
        dp1 <=1'b0;
        dp2 <=1'b0;
        dp3 <=1'b0;
  end
    else begin
                    if(gear==1)begin
                      seg_data0 <=data_bcd[3:0];
                          seg_data1 <=data_bcd[7:4];
                          seg_data2 <=data_bcd[11:8];
                          seg_data3 <=data_bcd[15:12];
                      dp1 <=1'b0;
                          dp2 <=1'b0;
                          dp3 <=1'b0;
              end
                  else if(gear==2)begin
                      seg_data0 <=data_bcd[7:4];
                          seg_data1 <=data_bcd[11:8];
```

```
                    seg_data2 <=data_bcd[15 : 12];
                    seg_data3 <=data_bcd[19 : 16];
               dp1 <=1'b0;
                    dp2 <=1'b1;
                    dp3 <=1'b0;
          end
               else if(gear==3)begin
                    seg_data0 <=data_bcd[11 : 8];
                    seg_data1 <=data_bcd[15 : 12];
                    seg_data2 <=data_bcd[19 : 16];
                    seg_data3 <=data_bcd[23 : 20];
                    dp1 <=1'b1;
                    dp2 <=1'b0;
                    dp3 <=1'b0;
          end
               else if(gear==4)begin
               seg_data0 <=data_bcd[15 : 12];
                    seg_data1 <=data_bcd[19 : 16];
                    seg_data2 <=data_bcd[23 : 20];
                    seg_data3 <=data_bcd[27 : 24];
               dp1 <=1'b0;
                    dp2 <=1'b0;
                    dp3 <=1'b1;
          end
               begin
                    seg_data4 <=4'hF;
                    seg_data5 <=lev;
          end
     end
end
// 数码管数据对应显示数值编码
code    code0(.rst_n(rst_n), .seg_data(seg_data0), .seg_code(seg_code0));
code    code1(.rst_n(rst_n), .seg_data(seg_data1), .seg_code(seg_code1));
code    code2(.rst_n(rst_n), .seg_data(seg_data2), .seg_code(seg_code2));
code    code3(.rst_n(rst_n), .seg_data(seg_data3), .seg_code(seg_code3));
code    code4(.rst_n(rst_n), .seg_data(seg_data4), .seg_code(seg_code4));
code    code5(.rst_n(rst_n), .seg_data(seg_data5), .seg_code(seg_code5));
```

```
assign seg0=seg_code0[7:0];
assign seg1={dp1, seg_code1[6:0]};
assign seg2={dp2, seg_code2[6:0]};
assign seg3={dp3, seg_code3[6:0]};
assign seg4=seg_code4[7:0];
assign seg5=seg_code5[7:0];
endmodule
```

程序说明：

（1）挡位显示：在六个数码管上显示数字频率计测量结果。其中第一个数码管为挡位显示，根据例6-3的量程判断结果，显示A、B、C三挡，A挡代表单位为Hz，B挡代表单位为kHz，C挡代表单位为MHz。

（2）数码管显示：在第五章介绍了数码管驱动程序，根据共阴极数码管静态显示设计code数码管驱动程序，并利用实例引用程序实现六个数码管的驱动。后四个数码管显示的是数字频率计测量结果，根据不同的输出挡位可判断显示的频率计的数值。

（3）超量程显示：当待测信号超量程时，挡位显示为E挡，频率计数值显示E，即显示“E—EEEE”。

【例6-5】 顶层文件。

```
module freq_meter(sys_clk, sys_rst_n, sw_flag, seg0, seg1, seg2, seg3, seg4, seg5);
input    sys_clk, sys_rst_n;
input    [3:0]  sw_flag;
output   [7:0]  seg0, seg1, seg2, seg3, seg4, seg5;          // 显示数码管0、1、
         2、3、4、5
wire     clk_fx;            // 待测信号
wire     [31:0] freq_data;            // 待测信号频率
wire     [3:0]gear;            // 输出挡位
wire     over_range;            // 超出量程
wire     [31:0]   data_bcd;            // 待测信号频率BCD码
wire     c0, c1, c2, c3;
wire     locked;
pll      pll_inst  (.areset(~sys_rst_n), .inclk0(sys_clk), .c0(c0), .c1(c1), .c2
         (c2), .c3(c3), .locked(locked));
switch   sw_fx  (.clk_fs(sys_clk), .rst_n(sys_rst_n), .sw_flag(sw_flag), .c0
         (c0), .c1(c1), .c2(c2), .c3(c3), .clk_fx(clk_fx));
calc     f_calc  (.clk_fs(sys_clk), .rst_n(sys_rst_n), .clk_fx(clk_fx), .neg_gate_fs
         (neg_gate_fs), .freq_data(freq_data)); bcdf_bcd(.clk_fs(sys_clk), .rst_n
         (sys_rst_n), .freq_data(freq_data), .neg_gate_fs(neg_gate_fs), .gear
         (gear), .over_range(over_range), .data_bcd(data_bcd));
```

```
seg      f_seg  (.clk_fs(sys_clk), .rst_n(sys_rst_n), .gear(gear), .over_range(over_
         range), .data_bcd(data_bcd), .seg0(seg0), .seg1(seg1), .seg2
         (seg2), .seg3(seg3), .seg4(seg4), .seg5(seg5));
endmodule
```

6.1.5 仿真分析

仿真分析：gate_cnt 用于产生门控信号，在基准时钟和待测信号下对门控信号进行延迟，采集出基准时钟下门控信号下降沿与待测信号下门控信号下降沿 neg_gate_fs 与 neg_gate_fx。通过门控信号下降沿对在门控时间内基准时钟与待测信号变化的周期数进行计数，得到基准时钟信号变化周期数 fs_cnt 为 28050，待测信号变化周期数 fx_cnt 为 500，基准时钟频率 clk_fs 为 50MHz，通过计算待测信号频率值 freq_data 为 891265，与仿真结果相同，如图 6-7 所示。

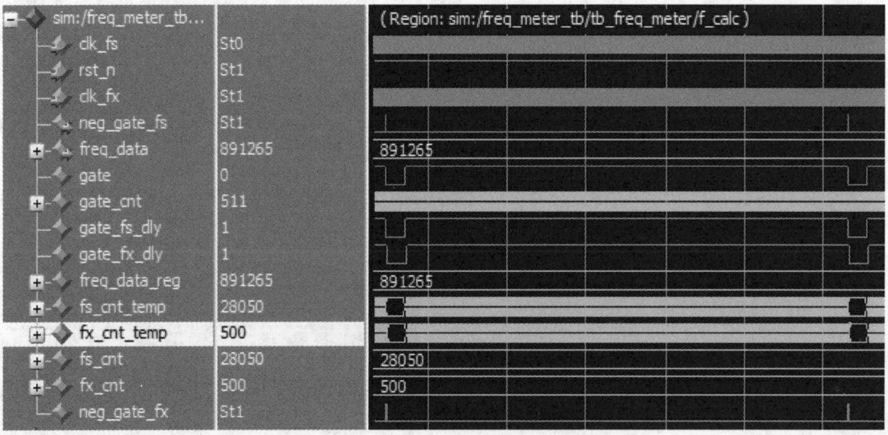

图 6-7　计算模块仿真

仿真分析：计算模块得到的频率值 freq_data 为二进制数值，用 data_shift 对其转换移位转换为 BCD 码。由于本设计的量程最高可以测量到 9.999MHz，即 9999000Hz，在此多一位十进制位判断是否超出量程，因此给 freq_data 前补上 8 * 4 即 32 个 0，并赋值给 data_shift，如图 6-8 所示。

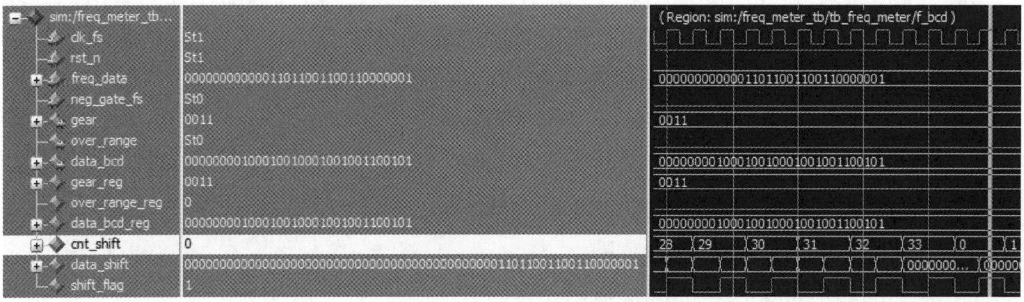

图 6-8　转码模块仿真

利用 cnt_shift 计数判断与移位，将 data_shift 的前 32 位转换为 BCD 码的频率值，转换完成后将前 32 位的 data_shift 锁存到 data_bcd 中进行输出，通过 data_bcd 可以判断输出挡位与超量程情况。仿真的 data_bcd 值为 0000_0000_1000_1001_0001_0010_0110_0101，输出挡位 gear 为 3 挡(0011)，即频率范围在 100.0～999.9kHz，并且未超出量程，符合设计要求。

仿真分析：显示模块仿真如图 6-9 所示，输出挡位 gear 为 3 挡(0011)，显示的挡位 lev 即为 B 挡(1011)，单位为 kHz；显示数值的 BCD 码的频率值为 0000_0000_1000_1001_0001_0010_0110_0101 的第 8～23 位的对应频率值数，将这些对应的值赋给对应的数码管的数据 seg_data；seg_data4 需显示“—”，故赋值 1111(在译码表中对应“—”)；seg_data5 赋值挡位 lev；同时小数点点亮 dp1，即点亮第 5 个数码管右下角小数点。

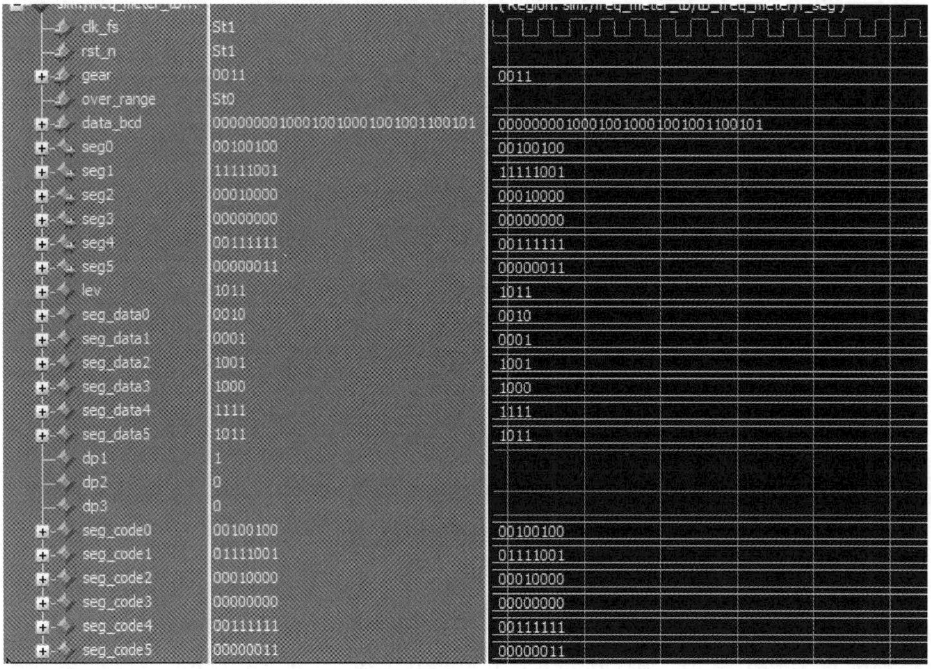

图 6-9　显示模块仿真

仿真分析：顶层文件仿真如图 6-10 所示，对照译码表，仿真输出在数码管上的显示结果为 B—891.2(seg1 的最高位为 1 表示该位对应数码管小数点被点亮)，即代表测量得到的频率为 891.2kHz，与设定的待测信号频率相同，仿真结果正确。

6.1.6　扩展部分

读者可根据实际的设计需要扩展如下的功能：

(1) 可增加频率计的频率检测范围；

(2) 频率的输出可采用液晶屏幕显示。

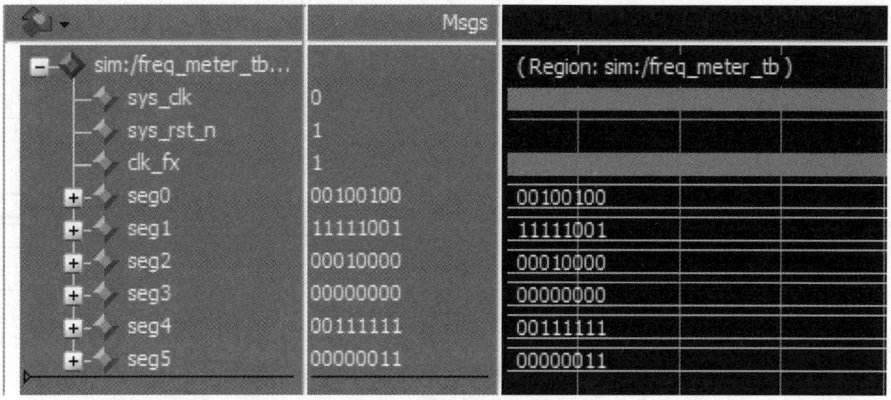

图 6-10　顶层文件仿真

6.2　超声波测距设计

6.2.1　设计要求

利用超声波原理设计一个测距仪，测距范围为 2cm～4.5m，采用数码管显示测量结果并每隔 0.5s 管刷新一次测量的结果。

6.2.2　超声波测距模块介绍

（1）超声波模块引脚功能：

超声波模块包含 4 个引脚其中 1 号引脚接直流 3～5.5V 电源；2 号引脚接外部电路的 Trig 端，此引脚接收一个 10μs 以上的高电平，可触发模块测距；3 号引脚接外部电路的 echo 端，当测距结束时输出一个高电平，电平宽度为超声波往返时间之和；4 号引脚接外部电路的地。

（2）测距工作原理：HC-SR04 测距时序图如图 6-11 所示。

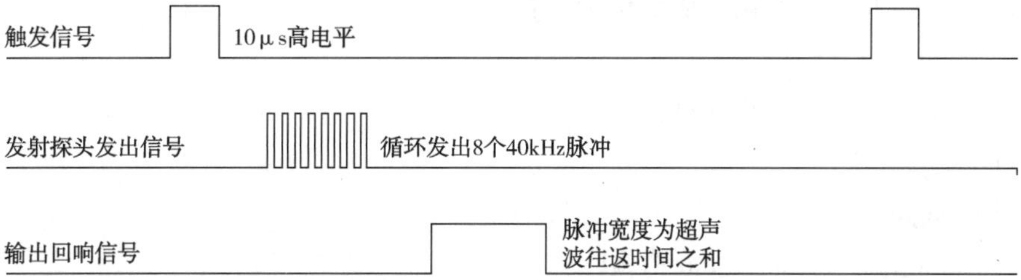

图 6-11　HC-SR04 测距时序图

由图可知，当 Trig 管脚输入一个 10μs 以上的高电平时，系统可发出 8 个 40kHz 的超声波脉冲，再检测回波信号。当检测到回波信号后，通过 echo 管脚输出。根据 echo 管脚输出高电平的持续时间可以计算距离值，距离=(高电平时间＊340m/s)/2。

6.2.3 系统设计方案

根据设计要求分析，该设计系统可以由 3 个模块构成，如图 6-12 所示。

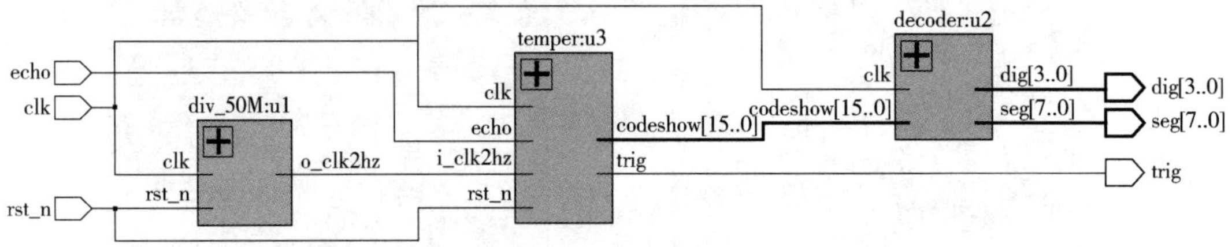

图 6-12　超声波测距仪的内部逻辑结构原理图

分频模块(div_50M)：根据设计系统的要求，将 50MHz 的频率分成 2Hz，用于控制测量距离的刷新频率。

超声波控制模块(temper)：控制超声波传感器并获得测量距离。

显示译码模块(decoder)：数码管显示译码，在数码管上 temper 测量的结果显示。

6.2.4 超声波测距仪 Verilog 代码分析

【例 6-6】 50MHz~2Hz 分频程序。

```
module div_50M(clk, rst_n, o_clk2hz);
input  clk, rst_n, o_clk2hz;
reg [25:0] count_2hz;
output o_clk2hz;
always @ (posedge clk, negedge rst_n)begin
  if(! rst_n)begin
    count_2hz <=0;
  end
  else begin
    if(count_2hz==26'd1249_9999)begin
      count_2hz <=0;
      o_clk2hz=(~o_clk2hz);
    end
    else begin
      count_2hz <=count_2hz+1'b1;
    end
  end
end
endmodule
```

程序说明：

该程序实现了 50MHz 到 2Hz 的 25M 分频，对待分频的时钟信号触发计数器计数，当计数器从 0 计数到 25M/2-1 时，输出时钟 clk_2hz 进行翻转从而生成占空比为 50%、频率为 2Hz 的信号，之后将其提供给 temper 作为时钟信号。

【例 6-7】 超声波测量程序。

```
module temper(clk, rst_n, i_clk2hz, echo, trig, codeshow);
input clk, rst_n, i_clk2hz, echo; //clk 为时钟信号、rst_n 为复位端口(低电平有效)
input echo; //连接超声波传感器的回响输出信号
output reg trig; //超声波传感器触发信号
output [15:0] codeshow; //数据测量结果(四个四位二进制数据)单位为 mm
reg [11:0]cnt;
reg [13:0] cnt1;
reg [20:0]cnt3;
reg [19:0] dis;
reg echo_buf, echo_rising, echo_falling, flag1;
reg [3:0]beed1, beed2, beed3, beed4;
assign codeshow={beed4, beed3, beed2, beed1};
always@(posedge clk)
begin
  if(cnt==499)begin
    cnt <=1'b0;
  end
  else begin
    cnt <=cnt+1;
  end
end
always@(posedge clk)
begin
  if(cnt==499)begin
    if(cnt1==9999)begin
      trig <=1'b1;
      cnt1 <=1'b0;
    end
    else begin
      trig <=1'b0;
      cnt1 <=cnt1+1'b1;
    end
  end
```

```
end
always@ (posedge clk, negedge rst_n)
begin
  if(! rst_n)begin
    echo_buf <=1'b0;
  end
  else begin
    echo_buf <=echo;
    echo_rising <=echo &( ~echo_buf);
    echo_falling <=( ~echo)& echo_buf;
  end
end
always@ (posedge clk)begin
  if(echo_rising==1'b1)begin
    flag1=1'b1;
  end
  else if(echo_falling==1'b1)begin
    flag1=1'b0;
  end
end
always@ (posedge clk, negedge rst_n)begin
  if(! rst_n)begin
    dis<=19'b0;
  end
  else begin
    if(flag1==1'b1)begin
      if(cnt3==21'd1_200_000)
        cnt3 <=1'b0;
      else
        cnt3 <=cnt3+1'b1;
    end
    else if(echo_rising==1'b1)begin
      dis <=(cnt3 * 340)/(2 * 50_000);
      cnt3 <=1'b0;
    end
  end
end
```

```
always @ (posedge i_clk2hz, negedge rst_n) begin
  if(! rst_n) begin
    beed1<=4'b0;
    beed2<=4'b0;
    beed3<=4'b0;
    beed4<=4'b0;
  end
  else begin
    beed1 <=dis/1000;
    beed2 <=dis%1000/100;
    beed3 <=dis%100/10;
    beed4 <=dis%10;
  end
end
endmodule
```

程序说明：

（1）超声波触发信号处理：超声波触发信号（trig）高电平持续时间为 10μs，计数器 cnt 实现 500 个周期的循环计数进而生成 10μs 的周期信号。循环时间为 $500\times\frac{1}{50M}=10\mu s$。计数器 cnt1 用于控制 trig 信号的持续时间。该超声波测距的范围为 2cm～4.5m，测量精度 3mm，所以 trig 持续时间至少为 $T=\frac{4.5}{340}\times2\approx0.026s$，在此，持续时间选定为 0.1s 即 100ms。程序中当 cnt1 每 10μs 做一次加 1 运算，cnt1 计数到 9999 时，trig 输出高电平且 cnt1 清零；cnt1 为其他数值时，trig 输出低电平，进而生成周期为 100ms，高电平持续时间为 10μs 的超声波触发信号。

（2）回响信号处理：借助寄存器 echo_buf 存储 echo 信号的前一个时钟状态。根据 echo_buf 与 echo 的状态比较，用 echo_rising 和 echo_falling 捕捉 echo 信号的上升沿和下降沿。flag1 用于指示 echo 信号是否为高电平，当 echo 为高电平时 flag1 输出高电平，当 echo 为低电平时 flag1 输出低电平。

（3）距离计算（cnt3，dis）：cnt3 用于计算 echo 信号高电平持续的时间。当 echo_rising 信号为高电平时，超声波脉冲的发送开始，此时重置 cnt3；当 echo_falling 信号为高电平时，超声波脉冲的接收结束，此时计算距离 dis。距离计算公式为（cnt3×340）/（2×50000），其中 340 是声速（单位：m/s），系统频率为 50MHz，在此除 50000 获得的测量结果单位为 mm。由于声波测量的是往返的距离，因此测量结果除 2。

（4）结果显示：测量结果 dis 通过除和模的数学运算获得相应的 BCD 码即 codeshow，它是 16 位的输出，从高到低每 4 位一组即 beed1、beed2、beed3、beed4 分别表示距离测量结果的千位、百位、十位和个位。当 i_clk2hz 时钟信号上升沿时，即 0.5s 数码管刷新一次测量结果。

【例 6-8】 数码管驱动程序。

```
module decoder(seg, dig, clk, codeshow);
input clk;
input  [15:0]codeshow;
output [7:0] seg;
output [3:0] dig;
reg [7:0] seg, seg1, seg2;
reg [3:0] dig;
reg [3:0] disp_dat1, disp_dat2;
reg [36:0] flag;
always @ (posedge clk)begin
   if(flag[14:13]==2'b00)begin
     dig=4'b1110; seg=seg1;
     disp_dat1<=codeshow[15:12];
   end
   else if(flag[14:13]==2'b01)begin
     dig=4'b1101; seg=seg1;
     disp_dat1 <=codeshow[11:8];
   end
   else if(flag[14:13]==2'b10)begin
dig=4'b1011; seg=seg1;
     disp_dat1 <=codeshow[7:4];
   end
   else if(flag[14:13]==2'b11)begin
     dig=4'b0111; seg=seg2;
     disp_dat2 <=codeshow[3:0];
   end
end
always @ (posedge clk)
begin
flag=flag+1'b1;
end
always @ (disp_dat1)
begin
  case(disp_dat1)
    4'h0 : seg1=8'hc0;
```

```
        4'h1 :  seg1 = 8'hf9;
        4'h2 :  seg1 = 8'ha4;
        4'h3 :  seg1 = 8'hb0;
        4'h4 :  seg1 = 8'h99;
        4'h5 :  seg1 = 8'h92;
        4'h6 :  seg1 = 8'h82;
        4'h7 :  seg1 = 8'hf8;
        4'h8 :  seg1 = 8'h80;
        4'h9 :  seg1 = 8'h90;
        4'ha :  seg1 = 8'h88;
        4'hb :  seg1 = 8'h83;
        4'hc :  seg1 = 8'hc6;
        4'hd :  seg1 = 8'ha1;
        4'he :  seg1 = 8'h86;
        4'hf :  seg1 = 8'h8e;
    endcase
end
always @ (disp_dat2) begin
    case(disp_dat2)
        4'h0 :  seg2 = 8'h40;
        4'h1 :  seg2 = 8'h79;
        4'h2 :  seg2 = 8'h24;
        4'h3 :  seg2 = 8'h30;
        4'h4 :  seg2 = 8'h19;
        4'h5 :  seg2 = 8'h12;
        4'h6 :  seg2 = 8'h02;
        4'h7 :  seg2 = 8'h78;
        4'h8 :  seg2 = 8'h00;
        4'h9 :  seg2 = 8'h10;
        4'ha :  seg2 = 8'h08;
        4'hb :  seg2 = 8'h03;
        4'hc :  seg2 = 8'h46;
        4'hd :  seg2 = 8'h21;
        4'he :  seg2 = 8'h06;
        4'hf :  seg2 = 8'h0e;
    endcase
end
```

```
endmodule
```

程序说明:

数码管驱动在第5章有静态和动态两种方式的介绍，此部分程序用的数码管的动态扫描，采用的是八段四位数码管，扫描频率大约为1.374ms，驱动方式就不做过多的阐述了。

【例6-9】 顶层程序。

```
module top(clk, rst_n, echo, trig, seg, dig);
input clk;
input rst_n;
input echo;
output [7:0]seg;
output [3:0]dig;
output trig;
wire clk2hz_ass;
wire [15:0]codeshow_ass;
div_50M  u1  (.clk(clk), .rst_n(rst_n), .o_clk2hz(clk2hz_ass));
decoder  u2  (.codeshow(codeshow_ass), .dig(dig), .seg(seg), .clk(clk));
temper   u3  (.clk(clk), .rst_n(rst_n), .i_clk2hz(clk2hz_ass), .echo(echo),
              .codeshow(codeshow_ass), .trig(trig));
endmodule
```

6.2.5 扩展部分

读者可根据实际的设计需要扩展如下的功能:

(1) 外部输入可调节数码管刷新频率;

(2) 设计一个“倒车雷达”，当距离小于1m时，利用蜂鸣器报警，距离越小蜂鸣器报警的频率越频繁;

(3) 在(2)的基础上增加LED灯闪烁功能，当距离小于1m时，距离越近LED灯闪烁的频率越快。

6.3 电机驱动SPWM设计

6.3.1 设计要求

设计SPWM电机驱动程序，具体要求如下:

(1) 输出信号可产生正弦波形状和脉冲宽度可调的脉冲序列信号;

(2) 要求输出信号频率可控，其频率范围为78.4Hz~20kHz，输出信号占空比可控范围为0~100%。

6.3.2 系统设计方案

根据设计要求分析，该系统由 3 个模块构成，如图 6-13 所示。

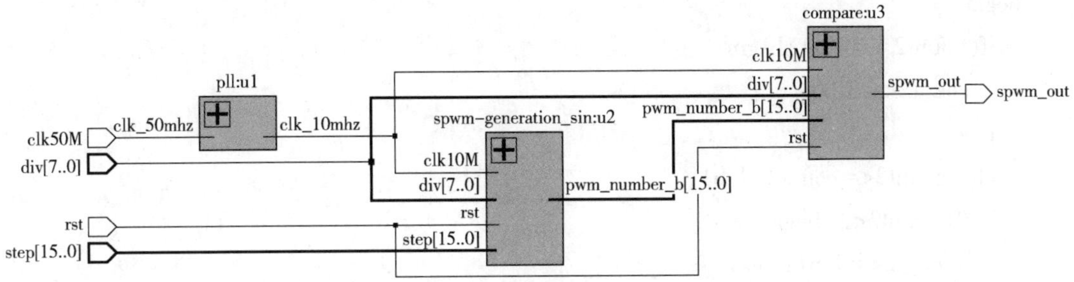

图 6-13　SPWM 的内部逻辑结构原理图

分频模块(pll)：根据设计系统的要求需将 50MHz 的频率分成 10MHz，为后续电路提供时钟信号。

正弦信号生成模块(spwm_generation_sin)：用于生成一个正弦脉冲宽度调制的信号。

SPWM 信号生成模块(compare)：正弦信号与阈值比较生成 SPWM 信号。

6.3.3 电机驱动 SPWM 的 Verilog 代码分析

【例 6-10】 50~10MHz 分频程序。

```
module pll(clk_50mhz, clk_10mhz);
output clk_10mhz;
input clk_50mhz;
reg clk_1=1'b0;
reg clk_2=1'b0;
reg [2:0] count1=3'b0;
reg [2:0] count2=3'b0;
always @ (posedge clk_50mhz)
  begin
  if(count1==3'd4)
  begin
    count1<=3'b0;
  end
  else count1<=count1+1'b1;
    if(count1<2)begin
      clk_1<=1'b1;
    end
    else begin
      clk_1=1'b0;
```

```
        end
    end
    always @ (negedge clk_50mhz)
    begin
        if(count2 = = 3'd4) begin
            count2<=3'b0;
        end
        else count2<=count2+1'b1;
            if(count2<2) begin
                clk_2<=1'b1;
            end
            else begin
                clk_2=1'b0;
            end
    end
    assign clk_10mhz=clk_1 | clk_2;
    endmodule
```

程序说明:

该程序主要实现将 50MHz 的时钟信号分频为 10MHz 的时钟信号，通过使用两个计数器和或运算实现占空比为 50%的奇分频，该信号为 spwm_generation_sin 和 compare 两个模块的时钟信号。

【例 6-11】 生成正弦信号数据的 MATLAB 程序。

```
clc;
clear;
depth=2000;
widths=10;
N=0 : 1999;
s=sin(2 * pi  * N/2000);
qqq=fopen('sine. mif','wt')
fprintf(qqq,'depth=%d; \ n', depth);
fprintf(qqq,'width=%d; \ n', widths);
fprintf(qqq,'address_radix=UNS; \ n');
fprintf(qqq,'data_radix=UNS; \ n');
fprintf(qqq,'content begin \ n');
fprintf(qqq,'%d:%d; \ n', x-1, round(500 * sin(2 * pi * (x)/2000)+500));
end
fprintf(qqq,'end;');
```

fclose(qqq);

程序说明：

该程序主要在 MATLAB 软件中实现，用于生成可存储生成正弦波形的数据表的 mif 文件，上述程序生成的是范围为 0~1999 个数即 2000 个正弦信号的数据。

生成 ROM（IP 核），在 IP Catalog 中搜索 ROM：1-PORT，创建一个 .v 文件，将 MATLAB 生成的 mif 文件添加到该文件中即可。

【例 6-12】 正弦脉冲宽度调制程序。

```
module spwm_generation_sin(clk10M, rst, div, step, spwm_number_sin, sin_pwm_out);
input clk10M;
input rst; //复位信号，低电平有效
input [7:0] div, step; //div 用于控制 SPWM 信号的频率，step 步进值用于控制正弦
信号
output [15:0] spwm_number_sin, sin_pwm_out; //正弦信号和生成的 SPWM 信号输出
wire [15:0] spwm_number_uint_sin;
reg [15:0] spwm_number_buf_sin, spwm_number_buf_sin_shadow;
reg [16:0] wave_cnt_b, address_sin;
wire [15:0] q_buf;
regclk10k;
reg pwmclk;
reg [7:0] pwmclk_cnt;
reg [3:0] data_state;
reg [15:0] count;
assign spwm_number_uint_sin=spwm_number_buf_sin;
assign sin_pwm_out=spwm_number_buf_sin;
assign spwm_number_sin=spwm_number_uint_sin;
wave_b u1(address_sin, clk10M, q_buf);
always @(posedge clk10M, negedge rst)
  begin
    if(! rst)
      begin
        count <=16'd0;
        clk10k <=1'b0;
    end
    else begin
      count <=count+1'b1;
      if(count==16'd499)
        clk10k <=1'b1;
```

```
        else if(count==16'd999)
          begin
          clk10k <=1'b0;
          count <=16'd0;
        end
    end
end
always @ (posedge clk10k, negedge rst)
begin
    if(! rst)begin
        pwmclk <=1'b0;
        pwmclk_cnt <=8'b0;
    end
    else begin
        pwmclk_cnt <=pwmclk_cnt+1'b1;
        if(pwmclk_cnt < div[7:1])
          pwmclk <=1'b1;
        else begin
        pwmclk <=1'b0;
        if(pwmclk_cnt==div)
          pwmclk_cnt <=8'b0;
      end
    end
end
always @ (posedge pwmclk, negedge rst)
begin
    if(! rst)
      wave_cnt_b <=17'd0;
    else begin
      if(wave_cnt_b <17'd1999)begin
            wave_cnt_b=wave_cnt_b+step;
            if(wave_cnt_b>17'd1999)
               wave_cnt_b=wave_cnt_b-17'd1999;
            end
      end
end
always @ (posedge clk10M, negedge rst)
```

```
begin
  if(! rst)
    data_state <=4'b0000;
  else begin
    if(pwmclk==1'b1)
      case(data_state)
        4'b0000: begin
          address_sin <=wave_cnt_b;
          spwm_number_buf_sin_shadow <=q_buf;
          data_state <=4'b0001;
        end
        4'b0001: begin
          spwm_number_buf_sin_shadow <=q_buf;
          data_state <=4'b0000;
        end
        default: data_state <=4'b0000;
      endcase
    else
      spwm_number_buf_sin <=spwm_number_buf_sin_shadow;
  end
end
endmodule
```

程序说明

(1) 该程序主要生成脉冲宽度随正弦波形变化的 SPWM 信号。通过调节 div 和 step 参数，控制输出信号的频率和占空比。spwm_number_sin 输出 SPWM 计数器的值，而 sin_pwm_out 输出实际的 SPWM 信号。

(2) 分频：将 clk10M 信号分频进而获得 clk10k 和 pwmclk 两个信号。其中 clk10k 是 clk10M 的 100 分频即 10kHz。而 pwmclk 的频率由 div 参数控制。

(3) 波形计数器：wave_cnt_b 用于生成正弦波形的地址，地址值根据 step 参数递增，在其达到最大值时重置。地址中所存储的数据为正弦信号的幅度值，即根据地址输出的为正弦信号。

(4) 数据状态机：data_state 用于控制数据读取和更新的时序。当 pwmclk 为高电平时，根据 data_state 的值，更新 address_sin 和 spwm_number_buf_sin_shadow。

【例 6-13】 SPWM 信号生成模块。

```
module compare(clk10M, rst, spwm_number_sin,   div, spwm_out);
inputclk10M;
input rst;
```

```
input [15:0] spwm_number_sin;
input [7:0] div;
output spwm_out;
reg [1:0] pwm_out_buf;
reg [15:0] spwm_number_sin_shadow;
reg pwmclk;
reg [7:0] pwmclk_cnt;
reg [15:0] count11;
assign spwm_out=pwm_out_buf[0];
always @ (posedgeclk10M, negedge rst)
begin
  if(! rst)begin
    pwmclk <=1'b0;
    pwmclk_cnt <=8'b0;
  end
  else if(clk10M)
begin
    pwmclk_cnt <=pwmclk_cnt+1'b1;
    if(pwmclk_cnt < div[7:1])
      pwmclk <=1'b1;
    else begin
      pwmclk <=1'b0;
      if(pwmclk_cnt==div)
        pwmclk_cnt <=8'b0;
    end
  end
end
always @ (pwmclk, spwm_number_sin)
begin
  if(! rst)begin
    pwm_out_buf <=2'b00;
    count11 <=16'b0;
  end
  else if(pwmclk)begin
    if(count11 < spwm_number_sin_shadow)
      pwm_out_buf[0] <=1'b1;
    else
```

```
            pwm_out_buf[0] <=1'b0;
        if(count11 < 999)
            count11 <=count11+1'b1;
        else begin
            count11 <=16'h0;
            spwm_number_sin_shadow <=spwm_number_sin;
        end
    end
end
endmodule
```

程序说明：

该模块输出按照正弦信号变化的脉冲信号，即 SPWM 信号。

计数器 count11 实现 0~999 的计数，进而生成三角波。在 pwmclk 的每个周期内，模块比较 count11 的值与 spwm_number_sin 的值，如果 count11 小于 spwm_number_sin，则 spwm_out 输出高电平；否则输出低电平。

【例 6-14】 顶层程序。

```
module spwm(clk50M, rst, div, step, spwm_out, sin_pwm_out);
input clk50M, rst;
input [7:0]div;
input [7:0]step;
output spwm_out;
output [15:0]sin_pwm_out;
wire [15:0] spwm_number_sin;
wireclk10M;
pll      u1     (.clk_50mhz(clk50M), .clk_20mhz(clk10M));
spwm_generation_sin     u2     (.clk10M(clk10M), .rst(rst), .div(div), .step
                               (step), .spwm_number_sin(spwm_number_sin), .sin_
                               pwm_out(sin_pwm_out);
compare   u3    (.clk10M(clk10M), .rst(rst), .spwm_number_sin(spwm_number_
                sin), .div(div), .spwm_out(spwm_out));
endmodule
```

6.3.4 仿真分析

仿真输出 SPWM 信号和正弦信号波形，如图 6-14~图 6-16 所示。

仿真分析：

(1) div(分频系数)对输出信号的影响：div 越大分频越大，即正弦信号的输出频率越小，SPWM 信号脉冲宽度变化的频率越小；反之 div 越小分频越小，即正弦信号的输出频率越大，SPWM 信号脉冲宽度变化的频率越大。

（2）step（步长）对输出信号的影响：step 增大正弦信号的采样点减少，每个采样点之间的时间间隔增大。正弦信号的不连续性增加，SPWM 信号的分辨率降低。反之 step 减小，正弦信号的采样点增加，每个采样点之间的时间间隔减小。SPWM 信号的分辨率提高。

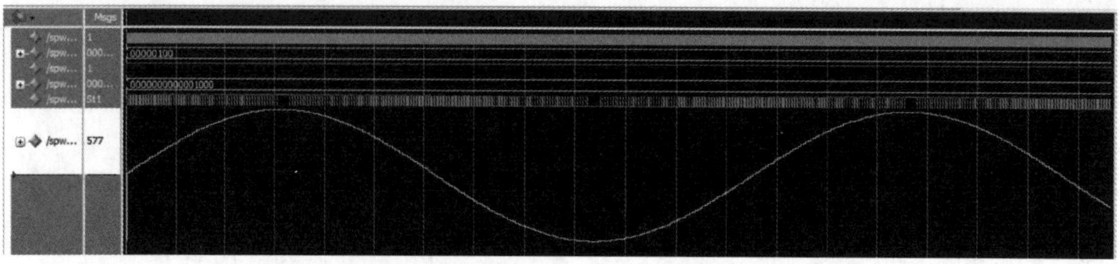

图 6-14　SPWM 程序 Mutisim 仿真结果 div=4，setp=8

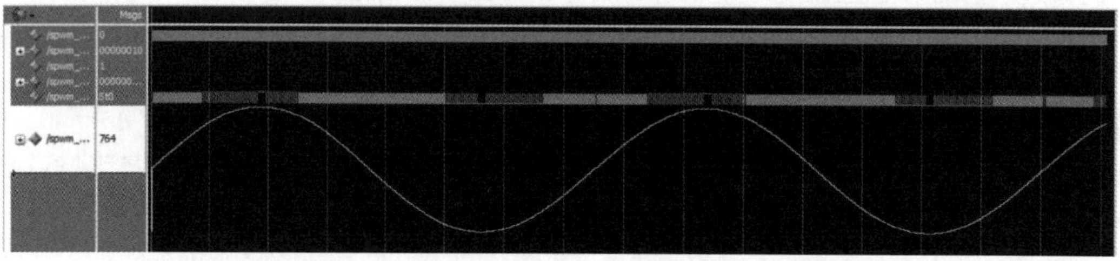

图 6-15　SPWM 程序 Mutisim 仿真结果 div=2，setp=8

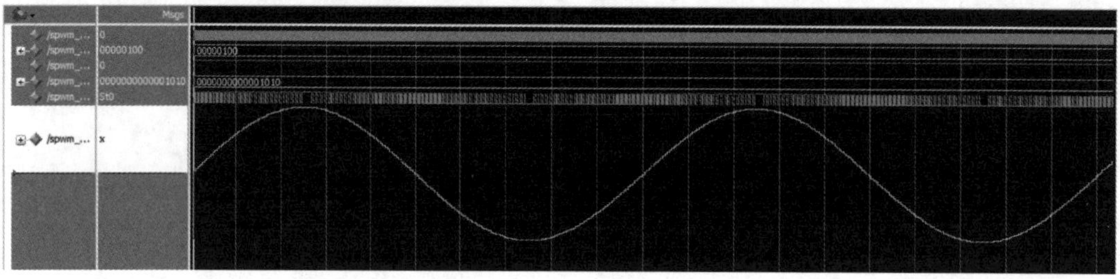

图 6-16　SPWM 程序 Mutisim 仿真结果 div=4，setp=10

6.3.5　扩展部分

读者可根据实际的设计需要扩展如下的功能：

（1）调整脉冲宽度，进一步优化谐波含量，使电机运行更加平稳；

（2）将该程序运用于多相和多电平逆变器，以实现更高的功率等级和更好的谐波特性。

6.4　简易计算器设计

6.4.1　设计要求

设计一个简易计算器，使用矩阵输入数字及运算符，实现加减乘除的计算功能，并在四个数码管上显示运算过程及结果。具体要求如下：

(1) 计算器通过矩阵键盘模拟按键输入，并通过数码管显示；

(2) 计算结果可以为负数也可以连续计算，但输入不能为负数；

(3) 由于只有四个数码管，因此计算器支持输出的最大结果为 9999；

(4) 当计算结果溢出时显示四个“F”，当输入溢出时蜂鸣器发出响声。

6.4.2 系统设计方案

根据设计要求分析，该设计系统可以由 9 个模块构成，如图 6-17 所示。

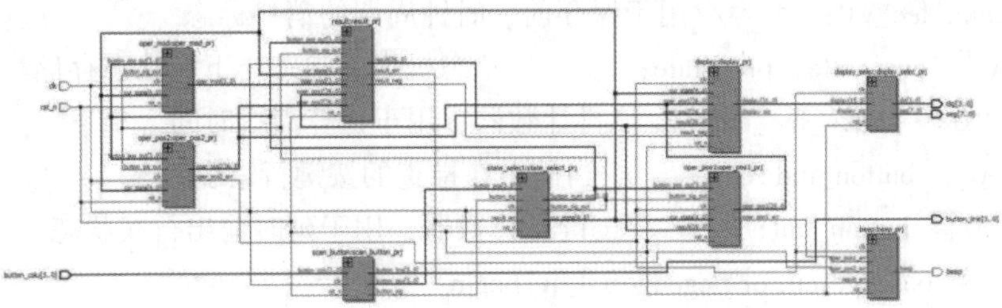

图 6-17 简易计算器的内部逻辑结构原理图

按键扫描模块(scan_button)：用于输入 0~9、+、−、×、/、=以及退格键。

计算状态模块(state_select)：用于识别按键扫描模块的输入。

输入模块 1(oper_pos1)：用于保存运算数的第一个数或运算结果。

输入模块 2(oper_pos2)：用于保存运算数的第二个数。

运算符状态模块(oper_mod)：用于保存输入的运算符。

计算模块(result)：用于将输入 1 保存的值与输入 2 保存的值按照运算符保存的运算规则计算。

显示状态模块(display)：用于调整输入的数字或者结果。

蜂鸣器模块(beep)：用于错误输入的提示。

数码管模块(display_selec)：用于驱动数码管显示当前显示状态的数字。

6.4.3 简易计算器 Verilog 代码分析

【例 6-15】 scan_button 按键扫描程序。

```
module scan_button(clk , rst_n , button_colu, button_line, button_pos, button_sig);
input   clk, rst_n;          //时钟信号和复位(低电平有效)
input   [3:0]   button_colu;          //矩阵按键的列输入
outputreg     button_sig;          //按键按下信号
output reg [3:0]   button_pos;          //按键位置，表示按键所在的行、列
output reg [BUT_GROUP-1:0]   button_line;          //行输出，用于驱动按键矩阵的行
parameter   BUT_GROUP=4;
```

```
parameter  STA_COLU=0, STA_LINE=1;
parameter  W_COLU=2, W_END=3;
parameter  COL_CNT=16;
parameter  DELAY_20MS=1000000;
reg [3:0]  button_colu_w0, button_colu_w1; //保存前一时钟周期和当前时钟周期的按键列线状态
reg [1:0]  button_colu_get;       //根据消抖的按键列线状态，表示当前按下的按键列索引
wire  shake_fee ;
reg   shake_fee_w0;        //用于保存前一时钟周期的消抖标志
reg[3:0]  cur_state, pre_state;       //状态机当前状态与下一状态存储
reg [19:0]  shake_fee_cnt; //消抖计数器，用于计算消抖时间
reg [1:0]  button_index;        //当前正在检查的按键行索引
reg[15:0]  button_cnt;        //按键行计数器，用于延时输出行线状态
always  @(posedge clk or negedge rst_n)begin
  if(rst_n==1'b0)begin
    button_colu_w0 <=4'b1111;
    button_colu_w1 <=4'b1111;
  end
  else begin
    button_colu_w0 <=button_colu;
    button_colu_w1 <=button_colu_w0;
  end
end
assign shake_fee=shake_fee_cnt>=DELAY_20MS-1;
always  @(posedge clk or negedge rst_n)begin
  if(rst_n==1'b0)begin
    shake_fee_cnt <=0;
  end
  else if(button_colu_w1! =4'hf)begin
    if(shake_fee)
      shake_fee_cnt <=shake_fee_cnt;
    else
      shake_fee_cnt <=shake_fee_cnt+1;
  end
  else begin
    shake_fee_cnt <=0;
```

```
    end
end
always  @(posedge clk or negedge rst_n)begin
    if(rst_n==1'b0)begin
        cur_state <=STA_COLU;
    end
    else begin
        cur_state <=pre_state;
    end
end
always  @( * )begin
    case(cur_state)
        STA_COLU: begin
            if(shake_fee && shake_fee_w0==1'b0)begin
                pre_state=STA_LINE;
            end
            else begin
    pre_state=STA_COLU;
            end
        end
        STA_LINE: begin
            if(button_index==3 && button_cnt==0)begin
                pre_state=W_COLU;
            end
            else begin
                pre_state=STA_LINE;
            end
        end
        W_COLU :    begin
            if(button_cnt==0)begin
                pre_state=W_END;
            end
            else begin
                pre_state=W_COLU;
            end
        end
        W_END: begin
```

```
            if(button_colu_w1==4'hf)begin
              pre_state=STA_COLU;
            end
            else begin
              pre_state=W_END;
            end
          end
          default: pre_state=STA_COLU;
        endcase
      end
      always  @(posedge clk or negedge rst_n)begin
        if(rst_n==1'b0)begin
          button_line <=4'b0;
        end
        else if(cur_state==STA_LINE)begin
          button_line <=~(1'b1 << button_index);
        end
        else begin
          button_line <=4'b0;
        end
      end
      always  @(posedge clk or negedge rst_n)begin
        if(rst_n==1'b0)begin
          button_index <=0;
        end
        else if(cur_state==STA_LINE)begin
          if(button_cnt==0)begin
            if(button_index==3)
              button_index <=0;
            else
              button_index <=button_index+1;
            end
          end
        else begin
          button_index <=0;
        end
      end
```

```
always  @ (posedge clk or negedge rst_n)begin
  if(rst_n==1'b0)begin
    button_cnt <=COL_CNT;
  end
  else if(cur_state==STA_LINE || cur_state==W_COLU)begin
    if(button_cnt==0)begin
      button_cnt <=COL_CNT;
    end
    else begin
      button_cnt <=button_cnt-1;
    end
  end
  else begin
    button_cnt <=COL_CNT;
  end
end
always  @ (posedge clk or negedge rst_n)begin
  if(rst_n==1'b0)begin
    shake_fee_w0 <=1'b0;
  end
  else begin
    shake_fee_w0 <=shake_fee;
  end
end
always  @ (posedge clk or negedge rst_n)begin
  if(rst_n==1'b0)begin
    button_colu_get <=0;
  end
  else if(cur_state==STA_COLU && shake_fee==1'b1 && shake_fee_w0==1'b0)begin
    if(button_colu_w1==4'b1110)
      button_colu_get <=0;
    else if(button_colu_w1==4'b1101)
      button_colu_get <=1;
    else if(button_colu_w1==4'b1011)
      button_colu_get <=2;
    else
      button_colu_get <=3;
```

```
    end
  end
  always  @(posedge clk or negedge rst_n)begin
    if(rst_n==1'b0)begin
      button_pos <=0;
    end
    else if(cur_state==STA_LINE && button_cnt==0)begin
      button_pos <={button_index, button_colu_get};
    end
    else begin
      button_pos <=0;
    end
  end
  always  @(posedge clk or negedge rst_n)begin
    if(rst_n==1'b0)begin
      button_sig <=1'b0;
    end
    else
  if(cur_state==STA_LINE && button_cnt==0 && button_colu_w1[button_colu_get]==1'
b0)
  begin
      button_sig <=1'b1;
    end
    else begin
      button_sig <=1'b0;
    end
  end
  endmodule
```

程序说明：

（1）该模块电路主要利用状态机实现矩阵按键的扫描和按下位置的检测，并增加机械按键消抖功能，防止在噪声的影响下错误传输。

（2）矩阵键盘扫描的工作流程如下，在设计中利用状态机实现：

① 初始化：当模块上电或复位时，所有内部状态和计数器都被初始化。状态机处于初始状态(STA_COLU 状态)，准备开始列扫描。

② 列扫描：在 STA_COLU 状态，模块连续读取矩阵键盘的列输入 button_colu。如果检测到列输入发生变化(有按键按下)，且变化持续了至少 20ms(由 shake_fee 信号检测)，则状态机准备进入行扫描状态(STA_LINE 状态)。

③ 行扫描：在 STA_LINE 状态，模块通过依次激活每一行(由 button_line 输出控制)的方式进行行扫描。它使用 button_index 来选择当前行，并用 button_cnt 计数器来控制每行的扫描时间。

④ 等待和检测：扫描所有行后，模块进入短暂的等待状态(W_COLU 状态)，以保证行扫描的稳定输出。模块再进入等待按键释放状态(W_END 状态)，如果按键释放，即返回 STA_COLU 状态开始新的扫描周期。

⑤ 输出按键位置和信号：当在 STA_LINE 状态检测到按键按下时(某列输入为低电平)，模块将按键的位置(button_index 和 button_colu_get 信号)和按下信号输出到 button_pos 和 button_sig。

【例 6-16】 state_select 计算状态程序。

```
module  state_select(clk , rst_n, button_pos, button_sig, result_err, button_num_out ,
button_sig_out , cur_state);
parameter   BUT_GROUP=4;
parameter   STATE_GROUP=5;
parameter   OPER_POS1=5'b00001;
parameter   OPER_MOD=5'b00010;
parameter   OPER_POS2=5'b00100;
parameter   RESULT=5'b01000;
parameter   ERROR=5'b10000;
input    clk, rst_n;
input    [BUT_GROUP-1 : 0] button_pos ;     //按键位置输入，表示当前选中的按键
input    button_sig;     //按键按下信号
input    result_err;     //结果错误信号输入
output  reg  [BUT_GROUP-1 : 0] button_num_out;    //按键编号输出
output  reg  button_sig_out ;     //按键信号输出
output  reg  [STATE_GROUP-1 : 0] cur_state;    //当前状态输出
reg      [BUT_GROUP-1 : 0] button_pos_out ;
wire     button_en, button_oper_en
wire     button_res_en, button_back_en;
reg      [STATE_GROUP-1 : 0] next_sta;
always @ ( * ) begin
      case(button_pos)
            4'd0 : button_pos_out=4'd7;
            4'd1 : button_pos_out=4'd8;
            4'd2 : button_pos_out=4'd9;
            4'd3 : button_pos_out=4'd10;
            4'd7 : button_pos_out=4'd11;
```

```
            4'd8 : button_pos_out=4'd1;
            4'd9 : button_pos_out=4'd2;
            4'd10: button_pos_out=4'd3;
            4'd11: button_pos_out=4'd14;
            4'd12: button_pos_out=4'd0;
            4'd13: button_pos_out=4'd12;
            4'd14: button_pos_out=4'd13;
            default: button_pos_out=button_pos;
        endcase
    end
    assign
button_en=(button_pos_out==0 || button_pos_out==1 || button_pos_out==2 || button_pos_out==3 || button_pos_out==4 || button_pos_out==5 || button_pos_out==6 || button_pos_out==7 || button_pos_out==8 || button_pos_out==9)&&button_sig==1;
    assign
button_oper_en=(button_pos_out==10 || button_pos_out==11 || button_pos_out==12 || button_pos_out==13)&&button_sig==1;
    assign button_res_en=button_pos_out==15&&button_sig==1;
    assign button_back_en=button_pos_out==14&&button_sig==1;
    always @ (posedge clk or negedge rst_n)
    begin
        if(rst_n==1'b0)
    begin
            cur_state <=OPER_POS1;
        end
        else begin
            cur_state <=next_sta;
        end
    end
    always @ ( * )
    begin
        if(result_err==1)
            next_sta=ERROR;
        else begin
            case(cur_state)
                OPER_POS1: begin
                    if(button_oper_en==1)begin
```

```
            next_sta=OPER_MOD;
        end
        else if(button_res_en==1)begin
            next_sta=RESULT;
        end
        else begin
            next_sta=OPER_POS1;
        end
    end
    OPER_MOD: begin
        if(button_en==1)begin
            next_sta=OPER_POS2;
        end
        else if(button_res_en==1)begin
            next_sta=RESULT;
        end
        else begin
            next_sta=OPER_MOD;
        end
    end
    OPER_POS2: begin
        if(button_oper_en==1)begin
            next_sta=OPER_MOD;
        end
        else if(button_res_en==1)begin
            next_sta=RESULT;
        end
        else begin
            next_sta=OPER_POS2;
        end
    end
    RESULT: begin
        if(button_en==1)begin
            next_sta=OPER_POS1;
        end
        else if(button_oper_en==1)begin
            next_sta=OPER_MOD;
```

```
                    end
                    else begin
                        next_sta=RESULT;
                    end
                end
                ERROR: begin
                    if(button_en==1)begin
                        next_sta=OPER_POS1;
                    end
                    else begin
                        next_sta=ERROR;
                    end
                end
                default: begin
                    next_sta=cur_state;
                end
            endcase
        end
    end
    always  @(posedge clk or negedge rst_n)begin
        if(rst_n==1'b0)begin
            button_num_out <=0;
        end
        else begin
            button_num_out <=button_pos_out;
        end
    end
    always  @(posedge clk or negedge rst_n)begin
        if(rst_n==1'b0)begin
            button_sig_out <=0;
        end
        else begin
            button_sig_out <=button_sig;
        end
    end
    endmodule
```

程序说明:

(1) 该程序主要实现按键状态的读取和处理，状态机根据不同操作状态、外部信号和按键状态来决定输出。电路将输入按键位置转换为数字输入，并判断此次按键是否有效，如果有效则将按键有效的信号 button_sig_out 置为高电平，并进入下一个状态。判断按键是否为运算符、等号或退格键等，根据当前状态进行状态转移，进入下一个状态。如果计算结果出现错误，则直接跳转到 ERROR 状态。

(2) 工作流程如下。

① 初始化：当模块上电或复位时，当前状态 cur_state 被设置为 OPER_POS1，准备开始输入第一个操作数。

② 按键位置映射：将输入按键位置 button_pos 映射到实际的数字 button_pos_out。例如，如果 button_pos 是 4'd0，则 button_pos_out 映射为 4'd7。

③ 按键使能信号：通过对 button_pos_out 的检查，生成使能信号：button_en(数字按键使能)，button_oper_en(运算符按键使能)，button_res_en(结果按键使能)，button_back_en(后退按键使能)。

④ 状态机：根据当前状态 cur_state 和使能信号来决定下一个状态 next_state。例如，在 OPER_POS1 状态，如果检测到运算符按键被按下(button_oper_en 为 1)，则状态机将转移到 OPER_MOD 状态，准备输入运算符。

⑤ 错误处理：如果输入错误(由 result_err 信号指示)，状态机将转移到 ERROR 状态。

【例 6-17】 oper_pos1 输入数 1 程序。

```
module  oper_pos1(clk, rst_n, button_pos_out, button_sig_out, cur_state, oper_pos1,
result,
    oper_pos1_err);
    input        clk, rst_n;
    input   [BUT_GROUP-1:0]   button_pos_out ;    //按键位置输入
    input   button_sig_out ;    //按键信号输入
    input   [STATE_GROUP-1:0] cur_state;    //输入当前状态
    input   [NUM_GROUP-1:0]   result; //上一个操作的结果输入
    output  [NUM_GROUP-1:0]   oper_pos1;    //第一个操作数或运算结果的输出
    output  reg  oper_pos1_err;    //结果数错误信号的输出
    parameter   BUT_GROUP=4;
    parameter   STATE_GROUP=5;
    parameter   NUM_GROUP=27;
    parameter   OPER_POS1=5'b00001;
    parameter   OPER_MOD=5'b00010;
    parameter   OPER_POS2=5'b00100;
    parameter   RESULT=5'b01000;
    parameter   ERROR=5'b10000;
    reg     [NUM_GROUP-1:0]   oper_pos1;
```

```
    wire   button_en ;
    wire   button_oper_en ;
    wire   button_res_en   ;
    wire   button_back_en ;
    reg   [STATE_GROUP-1 : 0] pre_state ; //存储前一个状态
    reg   flag_h ;     //指示是否需要将结果复制到 oper_pos1
    assign   button_en=(button_pos_out==0 || button_pos_out==1 || button_pos_out==2 ||
button_pos_out==3 || button_pos_out==4 || button_pos_out==5 || button_pos_out==6 || button_
pos_out==7 || button_pos_out==8 || button_pos_out==9)&&button_sig_out==1;
    assign   button_oper_en=(button_pos_out==10 || button_pos_out==11 || button_pos_
out==12 || button_pos_out==13)&& button_sig_out==1;
    assign   button_back_en=button_pos_out==14 && button_sig_out==1;
    assign   button_res_en=button_pos_out==15 && button_sig_out==1;
    always   @(posedge clk or negedge rst_n)begin
        if(rst_n==1'b0)begin
            pre_state <=0;
        end
        else begin
            pre_state <=cur_state;
        end
    end
    always   @(posedge clk or negedge rst_n)begin
        if(rst_n==1'b0)begin
            flag_h <=0;
        end
        else if(cur_state==OPER_POS1)begin
            flag_h <=1'b0;
        end
        else if(pre_state==OPER_POS2&&cur_state==OPER_MOD || cur_state==RESULT)
    begin
            flag_h <=1'b1;
        end
        else begin
            flag_h <=flag_h;
        end
    end
    always   @(posedge clk or negedge rst_n)begin
```

```
        if(rst_n==1'b0)begin
            oper_pos1 <=0;
        end
        else if(cur_state==ERROR)begin
            oper_pos1 <=10;
        end
        else if((pre_state == RESULT || pre_state == ERROR) && cur_state == OPER_
POS1)begin
            oper_pos1 <=button_pos_out;
        end
        else if(cur_state==OPER_POS1 && button_back_en==1)begin
            oper_pos1 <=oper_pos1 / 10;
        end
        else if(cur_state==OPER_POS1 && button_en==1)begin
            oper_pos1 <=(oper_pos1>999)? oper_pos1 : (oper_pos1 * 10+button_pos_out);
        end
        else if(flag_h==1)begin
            oper_pos1 <=result;
        end
        else begin
            oper_pos1 <=oper_pos1;
        end
    end
    always  @(posedge clk or negedge rst_n)begin
        if(rst_n==1'b0)begin
            oper_pos1_err <=0;
        end
        else if(cur_state==OPER_POS1 && pre_state==OPER_POS1 && button_en==1 &&
oper_pos1>999)begin
            oper_pos1_err <=1'b1;
        end
        else begin
            oper_pos1_err <=1'b0;
        end
    end
    endmodule
```

程序说明:

（1）该程序实现第一个操作数或每次运算结果的输入、保存和检错。

（2）按键使能信号：类似于例 6-16 模块，定义按键使能信号：button_en（数字按键使能）、button_oper_en（运算符按键使能）、button_res_en（结果按键使能）、button_back_en（后退按键使能）。

（3）状态跟踪：pre_state 用于跟踪前一个状态，而 flag_h 用于标识是否需要将其他操作数或结果复制到 oper_pos1。

（4）操作数更新：根据当前状态和按键输入，模块更新 oper_pos1。例如，如果当前状态是 OPER_POS1 且按下的是数字按键，则将数字添加到 oper_pos1；如果按下的是后退按键，则 oper_pos1 将除以 10，实现数字的退位。

（5）错误检测：如果在 OPER_POS1 状态下，oper_pos1 超过最大值 999，则设置 oper_pos1_err 为 1，表示输入错误。

oper_pos2 模块主要管理第二个操作数的输入、存储和错误检测。其工作流程与 oper_pos1 工作方式一样，在此不再赘述。

【例 6-18】 oper_mod 输入运算符程序。

```
module  oper_mod(clk, rst_n, button_pos_out , button_sig_out , cur_state , oper_mod);
parameter    BUT_GROUP=4;
parameter    STATE_GROUP=5;
parameter    OPER_POS1=5'b00001;
input       clk, rst_n;
input    [BUT_GROUP-1:0] button_pos_out ;      //按键位置输入
input    button_sig_out ;      //按键信号输入
input    [STATE_GROUP-1:0] cur_state;      //输入当前状态
output reg [BUT_GROUP-1:0]   oper_mod ;      //操作模式输出
wire        button_oper_en;
assign button_oper_en=(button_pos_out==10 || button_pos_out==11 || button_pos_out==
12  || button_pos_out==13)&& button_sig_out==1;
always   @(posedge clk or negedge rst_n)begin
      if(rst_n==1'b0)begin
            oper_mod <=0;
      end
      else if(cur_state==OPER_POS1)begin
            oper_mod <=0;
      end
      else if(button_oper_en==1)begin
            oper_mod <=button_pos_out;
      end
      else begin
```

```
        oper_mod <=oper_mod;
      end
  end
  endmodule
```

程序说明:

(1) 该程序实现运算符检测并存储选择的基本运算模式(加、减、乘、除等)。

(2) 当模块上电或复位时, oper_mod 初始化为 0, 表示没有选择任何运算符。

(3) 按键使能信号: 按键使能信号 button_oper_en, 当用户按下位于矩阵键盘右侧的运算符按键时, 此信号被激活。

(4) 运算符选择: 当 cur_state 为 OPER_POS1 时, 等待用户选择运算符。当检测到用户按下运算符按键, 即 button_oper_en=1 时, 模块将当前按下的按键位置 button_pos_out 赋值给 oper_mod, 从而选择了相应的运算符。利用 oper_mod 输出表示用户选择的运算符。

【例 6-19】 result 计算程序。

```
module  result(clk, rst_n, button_pos_out, button_sig_out, cur_state, oper_pos1, oper_mod,
oper_pos2, result , result_neg, result_err);
input     clk, rst_n;
input   [BUT_GROUP-1 : 0] button_pos_out ;     //按键位置输入
input     button_sig_out ;     //按键信号输入
input   [STATE_GROUP-1 : 0] cur_state;     //输入当前状态
input   [NUM_GROUP-1 : 0]   oper_pos1, oper_pos2;     //第 1、2 个操作数
input   [BUT_GROUP-1 : 0]   oper_mod ;   //操作模式输入
output  reg  [NUM_GROUP-1 : 0]   result;   //运算结果输出
output   reg    result_neg;    //运算结果的符号输出
output   reg    result_err;    //运算结果错误输出
parameter    BUT_GROUP=4;
parameter    STATE_GROUP=5;
parameter    NUM_GROUP=27;
parameter    OPER_POS1=5'b00001;
parameter    OPER_MOD=5'b00010;
parameter    OPER_POS2=5'b00100;
parameter    RESULT=5'b01000;
parameter    ERROR=5'b10000;
parameter    ADD=10 ;
parameter    SUB=11;
parameter    MUL=12 ;
parameter    DIV=13;
```

```
    wire    key_op_en, button_res_en, calculate;
    reg    [STATE_GROUP-1 : 0] pre_state;
    assign button_oper_en=(button_pos_out==10 || button_pos_out==11 || button_pos_out==
12 || button_pos_out==13)&& button_sig_out==1;
    assign   button_res_en=button_pos_out==15&&button_sig_out==1;
    assign calculate=(pre_state==OPER_POS2&&cur_state==OPER_MOD || button_res_
en==1);
    always @(posedge clk or negedge rst_n)begin
      if(rst_n==1'b0)     pre_state <=0;
      else begin
       pre_state <=cur_state;
      end
    end
    always @(posedge clk or negedge rst_n)begin
    if(rst_n==1'b0)       result <=0;
    else if(calculate==1)begin
         case(oper_mod)
         ADD: begin if(result_neg==0)begin
                      result <=oper_pos1+oper_pos2;
                  end
                  else begin
           result<=(oper_pos1>oper_pos2)? (oper_pos1-oper_pos2): (oper_pos2-oper_
pos1);
                  end
              end
              SUB: begin
                  if(result_neg==0)begin
                result <=(oper_pos1>oper_pos2)? (oper_pos1-oper_pos2): (oper_pos2-
oper_pos1);
                  end
                  else begin
                      result <=oper_pos1+oper_pos2;
                   end
               end
               MUL: begin
                  result <=oper_pos1 * oper_pos2;
              end
```

```
            DIV: begin
                  result <=oper_pos1 / oper_pos2; //div_result;
             end
            default: begin
                  result <=oper_pos1;
            end
      endcase
  end
 else   result <=result;
end
always   @(posedge clk or negedge rst_n)begin
  if(rst_n==1'b0)     result_neg <=0;
  else if(cur_state==OPER_POS1)    begin    result_neg <=1'b0; end
     else if(pre_state==ERROR)begin
        result_neg <=1'b0;
  end
  else if(calculate==1 && oper_mod==SUB && oper_pos1<oper_pos2)begin
        result_neg <=1'b1;
  end
  else if(calculate==1 && result_neg==1 && oper_mod==ADD && oper_pos1<=oper_
pos2)begin
        result_neg <=1'b0;
  end
  else if(result==0)begin
        result_neg <=1'b0;
  end
  else begin
        result_neg <=result_neg;
  end
end
always   @(posedge clk or negedge rst_n)begin
  if(rst_n==1'b0)begin
        result_err <=0;
  end
  else if(cur_state==OPER_POS1)begin
        result_err <=1'b0;
  end
```

```
else if((pre_state==OPER_POS2 && cur_state==OPER_MOD) || (button_res_en==1
&& pre_state!=ERROR))begin
        case(oper_mod)
            ADD: begin
                if(result_neg==0)begin
                    result_err <=(oper_pos1+oper_pos2)>9999 ? 1'b1 : 1'b0;
                end
                else begin
                    result_err <=1'b0;
                end
            end
            SUB: begin
                if(result_neg==1)begin
                    result_err <=(oper_pos1+oper_pos2)>999 ? 1'b1 : 1'b0;
                end
                else if(oper_pos2>oper_pos1)begin
                    result_err <=(oper_pos2-oper_pos1)>999 ? 1'b1 : 1'b0;
                end
                else begin
                    result_err <=1'b0;
                end
            end
            MUL: begin
                if(result_neg==1)begin
                    result_err <=(oper_pos1 * oper_pos2)>999 ? 1'b1 : 1'b0;
                end
                else begin
                    result_err <=(oper_pos1 * oper_pos2)>9999 ? 1'b1 : 1'b0;
                end
            end
            DIV: begin
                if(oper_pos2==0)begin
                    result_err <=1'b1;
                end
                else begin
                    result_err <=1'b0;
                end
```

```
                end
                default: begin
                    result_err <= 1'b0;
                end
            endcase
        end
        else begin
            result_err <= 1'b0;
        end
    end
endmodule
```

程序说明：

（1）该模块的主要功能是管理运算结果的计算、符号和错误检测。

（2）运算符使能信号：利用 button_oper_en 检测用户是否按下运算符按键。

（3）计算逻辑：当用户按下结果按键，即 button_res_en 为 1 或状态机进入 OPER_MOD 状态时，模块开始计算。根据选择的运算符(oper_mod)，模块执行相应的运算。如果结果为负，result_neg 被设置为 1。

（4）错误检测：result_err 用于指示计算过程中是否发生错误。错误检测逻辑包括检查结果是否超出显示范围(超过 9999)。对于除法，还需检查除数是否为 0。

【例 6-20】 display 显示状态程序。

```
module  display(clk, rst_n, cur_state, oper_pos1, oper_pos2, result, result_neg,
display, display_sig);
input   clk, rst_n;
input   [STATE_GROUP-1 : 0]   cur_state ;
input   [NUM_GROUP-1 : 0]    oper_pos1, oper_pos2;
input   [NUM_GROUP-1 : 0]    result;
input   result_neg;
output  reg [DIS_GROUP-1 : 0]   display ;        //显示输出数字
output  reg   display_sig ;        //显示数据有效信号输出
parameter   BUT_GROUP = 4;
parameter   STATE_GROUP = 5;
parameter   NUM_GROUP = 27;
parameter   DIG_GROUP = 8;
parameter   CNT_GROUP = 4;
parameter   DIS_GROUP = DIG_GROUP * 4;
parameter   OPER_POS1 = 5'b00001;
parameter   OPER_MOD = 5'b00010;
```

```
parameter    OPER_POS2=5'b00100;
parameter    RESULT=5'b01000 ;
parameter    ERROR=5'b10000;
reg   result_neg_tmp;
reg       [NUM_GROUP-1 : 0]    dis_sel ;
reg       [NUM_GROUP-1 : 0]    dis_sel_tmp ;
wire      [NUM_GROUP-1 : 0]    div_quo;
wire      [CNT_GROUP-1 : 0]     div_rem;
reg       [CNT_GROUP-1 : 0]     dis_cnt;
wire      [NUM_GROUP-1 : 0]    dis_tmp;
always   @(posedge clk or negedge rst_n)begin
      if(rst_n==1'b0)begin
            result_neg_tmp <=0;
      end
      else begin
            result_neg_tmp <=result_neg;
      end
end
always   @( * )begin
      if(cur_state==OPER_POS2)begin
            dis_sel=oper_pos2;
      end
      else begin
            dis_sel=oper_pos1;
      end
end
always   @(posedge clk or negedge rst_n)begin
      if(rst_n==1'b0)begin
            dis_sel_tmp <=0;
      end
      else begin
            dis_sel_tmp <=dis_sel;
      end
end
div div_prj(clock(clk), .numer(dis_tmp), .denom(10), .quotient(div_quo), .remain
(div_rem));
always   @(posedge clk or negedge rst_n)begin
```

```
    if(rst_n==1'b0)begin
        dis_cnt <=0;
    end
    else if(dis_sel! =dis_sel_tmp || result_neg! =result_neg_tmp)begin
        dis_cnt <=4'd9;
    end
    else if(dis_cnt==0)begin
        dis_cnt <=dis_cnt;
    end
    else begin
        dis_cnt <=dis_cnt-1'b1;
    end
end
assign  dis_tmp=dis_cnt==9 ? dis_sel : div_quo;
integer ii;
always  @(posedge clk or negedge rst_n)begin
    if(rst_n==1'b0)begin
        display <=0;
    end
    else begin
        for(ii=0; ii<DIG_GROUP; ii=ii+1)begin
            if(cur_state==ERROR)begin
                display[4*(ii+1)-1-:4] <=4'd11;
            end
            else if(dis_cnt==9)begin
                display[4*(ii+1)-1-:4] <=0;
            end
else if(ii==DIG_GROUP-1 && result_neg==1 && cur_state! =OPER_POS2)begin
                display[4*(ii+1)-1-:4] <=4'd10;
            end
            else if((ii+dis_cnt)==8)begin
                display[4*(ii+1)-1-:4] <=div_rem;
            end
            else begin
                display[4*(ii+1)-1-:4] <=display[4*(ii+1)-1-:4];
            end
        end
```

```
        end
    end
    always  @(posedge clk or negedge rst_n)begin
        if(rst_n==1'b0)begin
            display_sig <=0;
        end
        else begin
            display_sig <=(dis_cnt==0 &&(dis_sel==dis_sel_tmp))? 1'b1 : 1'b0;
        end
    end
    endmodule
```

程序说明：

(1) 该模块主要控制数码管显示的内容。

(2) 显示选择：dis_sel 用于选择当前要显示的操作数或结果。dis_sel_tmp 用于跟踪 dis_sel 的变化，以便在需要时更新显示。

(3) 分频器：使用分频器来控制显示的更新频率。dis_cnt 用于跟踪分频器的计数值，当计数值达到 9 时更新显示。

(4) 显示更新：根据 dis_cnt 的值和当前状态，模块更新显示内容。如果当前状态是错误(ERROR)，则显示特定的错误代码。如果 dis_cnt 为 9，表示需要更新显示，此时根据 dis_sel 的值来显示操作数或结果。如果 dis_cnt 不为 9，则保持当前显示内容不变。

【例 6-21】 数码管驱动程序。

```
module  display_selec(rst_n, clk, display, display_sig, dig, seg);
input       clk, rst_n;
input   [DIG_GROUP*4-1:0]display;       //显示输入的数字
input       display_sig;    //显示数据有效信号输入
output reg  [DIG_GROUP-1:0]    dig;     //段选信号输出
output reg  [SEG_GROUP-1:0]    seg;     //位选信号输出
parameter   SEG_GROUP=8;
parameter   DIG_GROUP=4;
parameter   COUNT_GROUP=26;
parameter   DELAY_20US=20'd1000;
reg   [COUNT_GROUP-1:0] count_20us;
reg   [DIG_GROUP-1:0]      sel_cnt;
reg   [4*DIG_GROUP-1:0]   display_ff0;
reg   [3:0]    seg_tmp;
wire              flag_20us;
integer   ii;
```

```
assign  flag_20us=count_20us==DELAY_20US-1;
always@(posedge clk or negedge rst_n)begin
    if(rst_n==1'b0)begin
        count_20us<=26'b0;
    end
    else if(flag_20us)begin
        count_20us<=0;
    end
    else begin
        count_20us<=count_20us+1'b1;
    end
end
always  @(posedge clk or negedge rst_n)begin
    if(rst_n==1'b0)begin
        sel_cnt <=0;
    end
    else if(flag_20us)begin
        if(sel_cnt==DIG_GROUP-1)
            sel_cnt <=0;
        else
            sel_cnt <=sel_cnt+1'b1;
    end
end
always  @(posedge clk or negedge rst_n)begin
    if(rst_n==1'b0)begin
        dig <={DIG_GROUP{1'b1}};
    end
    else begin
        dig <=~(1'b1 << sel_cnt);
    end
end
always  @(posedge clk or negedge rst_n)begin
    if(rst_n==1'b0)begin
        display_ff0 <=0;
    end
    else begin
        for(ii=0; ii<DIG_GROUP; ii=ii+1)begin
```

```
                    if(display_sig==1)begin
                        display_ff0[(ii+1)*4-1-:4]<=display[(ii+1)*4-1-:4];
                    end
                    else begin
                        display_ff0[(ii+1)*4-1-:4]<=display_ff0[(ii+1)*4-1-:4];
                    end
                end
            end
        end
        always  @(*)begin
            seg_tmp=display_ff0[(sel_cnt+1)*4-1-:4];
        end
        always@(posedge clk or negedge rst_n)begin
          if(rst_n==1'b0)begin seg<=8'b1100_0000; end
          else if(seg_tmp==0)begin seg<=8'b1100_0000; end
          else if(seg_tmp==1)begin seg<=8'b1111_1001; end
          else if(seg_tmp==2)begin seg<=8'b1010_0100; end
          else if(seg_tmp==3)begin seg<=8'b1011_0000; end
          else if(seg_tmp==4)begin seg<=8'b1001_1001; end
          else if(seg_tmp==5)begin seg<=8'b1001_0010; end
          else if(seg_tmp==6)begin seg<=8'b1000_0010; end
          else if(seg_tmp==7)begin seg<=8'b1111_1000; end
          else if(seg_tmp==8)begin seg<=8'b1000_0000; end
          else if(seg_tmp==9)begin seg<=8'b1001_0000; end
          else if(seg_tmp==10)begin seg <=8'b1011_1111; end
          else begin seg<=8'b1000_1110; end
        end
        endmodule
```

程序说明：

（1）该程序主要用来接收来自 display 模块的显示数据，并利用数码管动态显示的方法显示计算器的输出结果。

（2）20μs 延迟：count_20μs 用于实现一个 20μs 的延迟，以控制数码管的更新频率。

（3）数码管选择：sel_cnt 用于选择当前要更新的数码管。当 display_sig 为 1 时，表示可以更新显示。

（4）数码管驱动：根据 display 的当前值和 sel_cnt 的选择，模块更新 seg 以驱动七段显示器显示正确的数字。

（5）七段显示器驱动：模块根据 seg_tmp（表示当前数码管的显示值）来选择正确的段选信号。

【例 6-22】 蜂鸣器程序。

```
module beep(clk, rst_n, oper_pos1_err, oper_pos2_err, result_err, beep);
parameter    CNT_1S=26'd5000_0000;
parameter    CNT_WID=26;
input clk, rst_n;
input   oper_pos1_err, oper_pos2_err, result_err;     //错误输入信号
outputreg beep;   //蜂鸣器输出
wire      err_en;
reg       [CNT_WID-1:0]    cnt_1s;
assign  err_en=oper_pos1_err || oper_pos2_err || result_err;
always  @(posedge clk or negedge rst_n)begin
     if(rst_n==1'b0)begin
          cnt_1s <=0;
     end
     else if(err_en==1)begin
          cnt_1s <=CNT_1S;
     end
     else if(cnt_1s!  =0)begin
          cnt_1s <=cnt_1s+1'b1;
     end
     else begin
          cnt_1s <=cnt_1s;
     end
end
always  @(posedge clk or negedge rst_n)begin
     if(rst_n==1'b0)begin
          beep <=1'b1;
     end
     else if(cnt_1s!  =0)begin
          beep <=1'b0;
     end
     else begin
          beep <=1'b1;
     end
end
endmodule
```

程序说明：

（1）该程序在检测到特定的错误条件时驱动蜂鸣器发出错误信号。

（2）错误检测：当 oper_pos1_err、oper_pos2_err、result_err 三个错误检测信号中，任一错误信号为高电平时，err_en 为高电平。即可驱动蜂鸣器工作。

（3）计数器：cnt_1s 定义为 26 位的计数器，用于实现大约 1s 的延时。当检测到错误时，cnt_1s 被重置为预设值 CNT_1S。当没有错误时，cnt_1s 递增，直到达到 CNT_1S 的值。

（4）蜂鸣器控制：当 cnt_1s 不为 0 时，beep 被驱动为低电平，表示蜂鸣器发声。当 cnt_1s为 0 时，beep 被驱动为高电平，表示蜂鸣器停止发声。

【例 6-23】 顶层程序。

```
module top(clk, rst_n, button_colu, button_line, dig, seg, beep);
parameter    KEY_WID=4;
parameter    STATE_WID=5;
parameter    NUM_WID=27;
parameter    SEG_NUM=4;
parameter    SEG_WID=8;
input    clk, rst_n;
input    [KEY_WID-1:0] button_colu, button_line;
output   [SEG_NUM-1:0] dig;
output   [SEG_WID-1:0]  seg;
output   beep;
wire     [KEY_WID-1:0] button_pos_ass, button_num_out_ass, button_sig_out_ass;
wire     button_sig_ass;
wire     [STATE_WID-1:0] cur_state_ass;
wire     [NUM_WID-1:0] oper_pos1_ass, oper_pos2_ass, result_ass;
wire     oper_pos1_err_ass, oper_pos2_err_ass, result_err_ass;
wire     [KEY_WID-1:0] oper_mod_ass;
wire     result_neg_ass;
wire     [SEG_NUM*4-1:0] display_ass;
wire     display_sig_ass;
scan_button       #(.DELAY_20MS(100)) scan_button_prj(.clk(clk), .rst_n(rst_
                  n), .button_colu(button_colu), .button_line(button_line), .button_
                  pos(button_pos_ass), .button_sig(button_sig_ass));
state_select      state_select_prj(.clk(clk), .rst_n(rst_n), .button_pos(button_pos_
                  ass), .button_sig(button_sig_ass), .result_err(result_err_ass), .button_
                  num_out(button_num_out_ass), .button_sig_out(button_sig_out_
                  ass), .cur_state(cur_state_ass));
oper_mod          oper_mod_prj(.clk(clk), .rst_n(rst_n), .button_pos_out(button_num_
```

```
                out_ass), .button_sig_out(button_sig_out_ass), .cur_state(cur_state_
                ass), .oper_mod(oper_mod_ass));
oper_pos1       oper_pos1_prj(.clk(clk), .rst_n(rst_n), .button_pos_out(button_num_
                out_ass), .button_sig_out(button_sig_out_ass), .cur_state(cur_state_
                ass), .result(result_ass), .oper_pos1(oper_pos1_ass), .oper_pos1_err
                (oper_pos1_err_ass));
oper_pos2       oper_pos2_prj(.clk(clk), .rst_n(rst_n), .button_pos_out(button_num_
                out_ass), .button_sig_out(button_sig_out_ass), .cur_state(cur_state_
                ass), .oper_pos2(oper_pos2_ass), .oper_pos2_err(oper_pos2_err_
                ass));
result          result_prj(.clk(clk), .rst_n(rst_n), .button_pos_out(button_num_out_
                ass), .button_sig_out(button_sig_out_ass), .cur_state(cur_state_
                ass), .oper_pos1(oper_pos1_ass), .oper_mod(oper_mod_ass), .oper_
                pos2(oper_pos2_ass), .result(result_ass), .result_err(result_err_
                ass), .result_neg(result_neg_ass));
display_selec   display_selec_prj(.rst_n(rst_n), .clk(clk), display(display_
                ass), .display_sig(display_sig_ass), .dig(dig), .seg(seg));
display         display_prj(.clk(clk), .rst_n(rst_n), .cur_state(cur_state_
                ass), .oper_pos1(oper_pos1_ass), .oper_pos2(oper_pos2_ass), .result
                (result_ass), .result_neg(result_neg_ass), .display(display_ass),
                .display_sig(display_sig_ass));
beep            #(.CNT_1S(1))beep_prj(.clk(clk), .rst_n(rst_n), .oper_pos1_err
                (oper_pos1_err_ass), .oper_pos2_err(oper_pos2_err_ass), .result_err
                (result_err_ass), .beep(beep));
endmodule
```

6.4.4 扩展部分

读者可根据实际的设计需要扩展如下的功能：

(1) 将该简易计算器扩展为支持负数输入的计算器；

(2) 使用多位米字型数码管，在计算过程中可直观地显示运算符号；

(3) 实现 LCD 液晶计算器的设计。

6.5 心率测试仪的设计

6.5.1 设计要求

设计一个心率测试仪，在采集一段心电波时，能够测量 1min 内心跳次数并用数码管显示，在心率过低或过高时蜂鸣器发出报警提示。

（1）系统将心率波数据转换为二进制代码格式，便于心跳的有效性判断和记录。

（2）系统能够识别、判断有效和无效的心跳。

（3）记录 60s 内的心跳次数并使用数码管显示。

（4）可以设定心跳高低阈值，在 1min 心跳次数高/低于此次数时，测试仪发出提示。

6.5.2 系统设计方案

根据设计要求分析，该设计系统可以由 6 个模块构成，如图 6-18 所示。

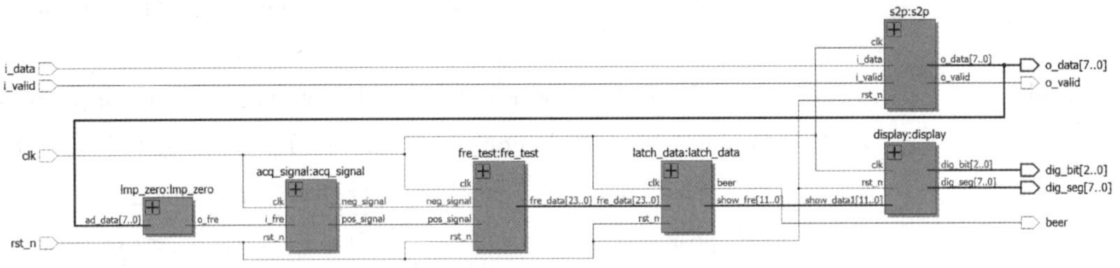

图 6-18　心率测试仪内部逻辑结构原理图

图中 6 个单元电路分别为：

心跳数据串并行转换模块(s2p)：该模块将串行输入的心跳数据转换为并行输出的 8 位数据，以便后续处理和显示。

过零比较器模块(lmp_zero)：该模块用于判断接收到的模拟信号(脉冲强度)是否超过预设的阈值，将心跳信号转化为二进制代码，从而确定信号的有效性。

信号处理模块(acq_signal)：该模块接收输入的心跳信号(i_fre)，并检测其上升沿和下降沿，用以判断心跳的开始和结束。将接收输入的心跳信号(i_fre)与时钟信号的第一个上升沿“对齐”，防止漏测信号。

计数器模块(fre_test)：该模块负责计算在一定时间内(通常为 60s)检测到的心跳次数。

锁存器模块(latch_data)：该模块用于处理输入的心率数据 fre_data，将其转换为适合于数码管显示的格式化输出 show_fre，并根据设定的报警阈值判断心率是否异常，生成报警信号 beer。

显示模块(display)：将计算的心率数据通过数码管进行显示。

6.5.3 心率测试仪的 Verilog 代码分析

【例 6-24】 心跳数据串并行转换模块。

```
module s2p(clk, rst_n, i_data, i_valid, o_data, reg o_valid);
input    clk; //1MHz
input    rst_n;
input    i_data; //数据
input    i_valid; //数据有效
```

```
output   reg[7:0]o_data;
output   reg o_valid;
reg[7:0]shift_reg;
reg[3:0]cnt;
always@(posedge clk or negedge rst_n)
  begin
    if(! rst_n)
      begin
        o_data      <= 8'd0;
        shift_reg <= 8'd0;
        o_valid    <= 1'b0;
        cnt         <= 4'd0;
      end
    else if(i_valid)
      begin //待测信号延迟 1 个时钟
        if (cnt==4'd7)
          begin
          o_data      <= {shift_reg[6:0], i_data};
          shift_reg <= 8'd0;
          o_valid    <= 1'b1;
          cnt         <= 4'd0;
          end
        else
          begin
          shift_reg <= {shift_reg[6:0], i_data};
          o_valid    <= 1'b0;
          cnt         <= cnt+4'd1;
          end
      end
    else
      begin
        shift_reg <= 8'd0;
        o_valid    <= 1'b0;
        cnt         <= 4'd0;
      end
  end
endmodule
```

程序说明：

该模块主要实现数据的串并转换，将串行输入的数据转换为 8 位并行输出。当检测到有效的串行数据时，模块会通过移位寄存器累积输入数据的个数，当计数器为 8 时输出并行数据，该并行数据为输入心跳的幅度值。

在程序设计中定义了一个 8 位移位寄存器 shift_reg，利用位拼接语句 shift_reg <= {shift_reg[6：0]，i_data}；语句实现将串行数据 i_data 转换成 8 位的并行输出数据 o_data 输出。

【例 6-25】 过零比较器电路设计。

```
module lmp_zero(ad_data, o_fre);
input  [7:0]ad_data; //脉冲强度
output  o_fre;
parameter CMP_AMP=8'hF0; //定义脉冲强度阈值
assign o_fre=((ad_data) > (CMP_AMP))? 1'b1: 1'b0;
endmodule
```

程序说明：

(1) 该模块通过比较输入的脉冲强度与预设的阈值，来判断输入信号的状态。脉冲强度超过阈值，输出心跳；否则不输出，用于识别有效心跳与无效心跳(如伪心跳或噪声)，确保心跳的检测数据的准确性。

(2) 过零比较器模块通过比较输入的脉冲强度 ad_data 与预设的阈值 CMP_AMP，来决定输出信号 o_fre 的状态。利用连续信号赋值语句 assign o_fre=((ad_data) > (CMP_AMP))? 1'b1：1'b0；实现如果 ad_data 大于 CMP_AMP，则 o_fre 输出高电平(1'b1)，表示脉冲强度超过阈值即有效的输入心跳信号，否则输出低电平(1'b0)无效的输入心跳信号。

【例 6-26】 信号处理电路的实现。

```
module acq_signal(clk, rst_n, i_fre, pos_signal, neg_signal);
input  clk; //1MHz
input  rst_n;
input  i_fre; //高有效
output  pos_signal; //上升沿
output  neg_signal; //下降沿
reg channel_reg1, channel_reg2;
reg[23:0]cnt1;
assign pos_signal=~channel_reg2 & channel_reg1;
assign neg_signal=channel_reg2 & ~channel_reg1;
always@ (posedge clk or negedge rst_n)
  begin
    if(! rst_n)
      begin
        channel_reg1 <= 1'b0;
```

```
            channel_reg2 <= 1'b0;
          end
        else
          begin //待测信号延迟 1 个时钟
            channel_reg1 <= i_fre;
            channel_reg2 <= channel_reg1;
          end
      end
endmodule
```

程序说明：

(1) 该模块将正常待测信号与延迟一个时钟周期的待测信号进行比较，以实现待测信号的检测并将待测信号与时钟信号对齐，防止待测信号在计数过程中丢数据。

(2) 在本模块中对输入信号 i_fre 进行上升沿和下降沿的检测。利用两个寄存器 channel_reg1 和 channel_reg2 检测输入信号的跳变。channel_reg1 存储当前时钟周期的输入信号状态，channel_reg2 存储上一个时钟周期的状态。当 i_fre 从低变高时，pos_signal 会变为高电平，表示上升沿；当 i_fre 从高变低时，neg_signal 会变为高电平，表示下降沿。这个模块通过寄存器间的比较实现了信号对齐的功能。

【例 6-27】 计数器检测电路功能。

```
module fre_test(clk, rst_n, pos_signal, neg_signal, fre_data);
input  clk; //1MHz
input  rst_n;
input  pos_signal;
input  neg_signal;
output  reg[23:0]fre_data;
parameter TIMRE_60s=32'd1000000*60; //
reg [23:0]data_r=24'd0;
reg[31:0]cnt_t;
always@(posedge clk or negedge rst_n)
  begin
    if(!rst_n)
      begin
        cnt_t    <= 'd0;
        data_r   <=24'd0;
        fre_data<=24'd0;
      end
    else
      begin
```

```
//60s 测试
        if (cnt_t == 'd0)//获取上升沿信号
          begin
            data_r<=24'd0;
            if( pos_signal)
              cnt_t <= 'd1;
          end
        else if  (( cnt_t > 'd0)& (cnt_t<=TIMRE_60s))
          begin
            if(cnt_t==TIMRE_60s)
              begin
                cnt_t<= 'd0;
                fre_data<=data_r;
              end
            else
              cnt_t<= cnt_t+24'd1;


            if (pos_signal)
              data_r<=data_r+24'd1;
          end
      end
   end
endmodule
```

程序说明：

该模块用于心率的频率的计数，实现 60s 内记录心跳次数功能。在 60s 内对上升沿信号进行计数来测量频率。模块使用一个 32 位的计时器 cnt_t 来记录时间，并在达到 60s 时将上升沿计数器 data_r 的值输出到 fre_data。如果在 60s 内检测到上升沿，则 data_r 会增加。当复位信号有效时，所有寄存器都会被清零。

计数仿真如图 6-19 所示，计数器 data_r 实时地更新心率的数值。

图 6-19　计数仿真

【例 6-28】 锁存器电路设计。

```
module latch_data(clk, rst_n, fre_data, show_fre, beer);
input   clk; //1MHz
input   rst_n;
input    [23:0]fre_data;
```

```
output  [11:0]show_fre;
output  beer;
parameter SET_WAMR_MIN='d20; //报警阈值
parameter SET_WAMR_MAX='d40;
assign show_fre[3:0]=fre_data%4'd10;
assign show_fre[7:4]=fre_data/'d10%4'd10;
assign show_fre[11:8]=fre_data/'d100%4'd10;
assign beer=(fre_data<=SET_WAMR_MIN|| fre_data<=SET_WAMR_MAX)? 1'b1: 1'b0;
endmodule
```

程序说明：

（1）该模块用于寄存测量的频率数据并将数据转换成 BCD 码便于驱动数码管实现数据的显示，系统在心跳过快和过慢时报警。

（2）模块收到 24 位的心率频率数据 fre_data，利用模十运算的方法将二进制数据转换成 BCD 码，将二进制数据转换为十进制数中的个位、十位和百位，show_fre 寄存器中[3:0]存个位数据、[7:4]存十位数据、[11:8]存百位数据。同时系统设置心率的最大阈值和最小阈值，报警指示 beer 在频率数据低于设定的最小阈值或高于设定的最大阈值时激活。

【例 6-29】 显示电路设计。

```
module display(clk, rst_n, show_data1, dig_seg, dig_bit);
input  clk; //1MHz
input  rst_n;
input  [11:0]show_data1;
output  reg[7:0]dig_seg; //数码管位选择
output  [2:0]dig_bit; //数码管段选择
parameter TIME_1ms='d1;
reg [31:0] cnt_t;
reg [3:0] data;
reg  [2:0] bit_r;
always@(posedge clk or negedge rst_n)
begin
  if(! rst_n) begin
    cnt_t <= 32'd0;
  end
  else if(cnt_t==TIME_1ms-1'b1) begin  //1ms delay
    cnt_t <= 32'd0;
  end
  else begin
    cnt_t <= cnt_t + 1'b1;
```

```
    end
end
always@ (posedge clk or negedge rst_n)
    begin
        if( ! rst_n)
            begin
                bit_r <= 3'b001;
            end
        else
            begin
                if(cnt_t= =TIME_1ms-1'b1)
                    begin
                        bit_r <= {bit_r[1 : 0], bit_r[2]};
                    end
            end
    end
assign   dig_bit   = bit_r;
//每位数码管择显示数据
always@ ( * )
begin
    case(bit_r)
        3'b001: data = show_data1[3 : 0 ]; //显示心率
        3'b010: data = show_data1[7 : 4 ]; //显示心率
        3'b100: data = show_data1[11 : 8 ]; //显示心率
    default: data = 4'hf;
    endcase
end
always@ (posedge clk ) begin
        case(data)
            4'h0:       dig_seg = 8'b11111100; //0
            4'h1:       dig_seg = 8'b01100000; //1
            4'h2:       dig_seg = 8'b11011010; //2
            4'h3:       dig_seg = 8'b11110010; //3
            4'h4:       dig_seg = 8'b01100110; //4
            4'h5:       dig_seg = 8'b10110110; //5
            4'h6:       dig_seg = 8'b10111110; //6
            4'h7:       dig_seg = 8'b11100000; //7
```

```
        4'h8:      dig_seg = 8'b11111110; //8
        4'h9:      dig_seg = 8'b11110110; //9
        4'hf:      dig_seg = 8'b00000010; //-
    default:    dig_seg = 0;
    endcase
end
endmodule
```

程序说明：

（1）该模块主要实现数码管的动态扫描显示，此部分内容在第 5 章中有介绍。

（2）本模块设定一个计数器，用于在 1ms 的时间间隔内实现 3 个数码管的动态扫描。bit_r 寄存器用于设定当前显示的数码管管位，而 data 寄存器则根据 bit_r 的值选择要显示的数据。最后，dig_seg 寄存器根据 data 的值来设置数码管的段码，从而显示相应的数字或字符。

【例 6-30】 顶层电路设计。

```
module heart_rate(clk, rst_n, i_data, i_valid, beer, o_data , o_valid, dig_seg, dig_bit);
input     clk; //1MHz
input     rst_n; //系统复位
input     i_data; //数据
input     i_valid; //数据有效
output    beer;
output    [7:0]o_data; //显示波形
output    o_valid; //显示波形
output    [7:0]dig_seg;
output    [2:0]dig_bit;
wire [23:0]fre_data;
wire pos_signal; //上升沿
wire neg_signal; //下降沿
wire w_fre;
wire      [11:0]show_fre;
s2p          s2p(clk, rst_n, i_data, i_valid, o_data , o_valid );
lmp_zero     lmp_zero(o_data, w_fre);
acq_signal   acq_signal(clk, rst_n, w_fre, pos_signal, neg_signal);
fre_test     fre_test(clk, rst_n, pos_signal, neg_signal, fre_data);
latch_data   latch_data(clk, rst_n, fre_data, show_fre, beer);
display      display(clk, rst_n, show_fre, dig_seg, dig_bit);
endmodule
```

6.5.4 仿真分析

在仿真时截取 2000000ns 代表 20s 进行一次心率采集，从仿真图 6-20 分析可知，系统成功检测并计算心率的数值。仿真中心率信号呈现出规律性的脉冲，每个脉冲代表一次心跳。仿真结果显示，心率数据在 20s 时间间隔内被准确采集，并通过模块内部的逻辑处理，最终输出了对应的心率频率值(fredata)，该输出数值乘以 3 即获得 1min 内的心跳数值，图 6-20 中，20s 内心跳在 20 左右，即 1min 为 60 下左右。在仿真中心率信号的频率保持稳定，没有出现异常波动，表明心率测试仪可正常工作。图 6-21 仿真图中有一小段心率小于 60，蜂鸣器处于报警状态，心率测试仪异常检测功能实现。

图 6-20　心率测试仪仿真图 1

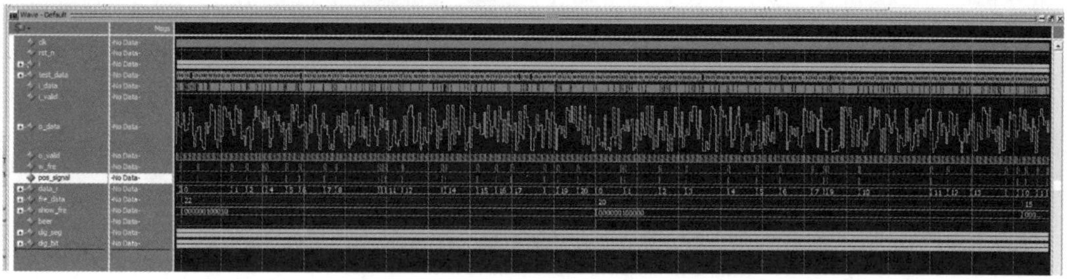

图 6-21　心率测试仪仿真图 2

6.5.5 扩展部分

读者可根据实际的设计需要扩展如下的功能：

(1) 可以通过心率测试传感器实时输入心率检测信号；

(2) 通过液晶显示测量的数据结果。

附录　电路原理图

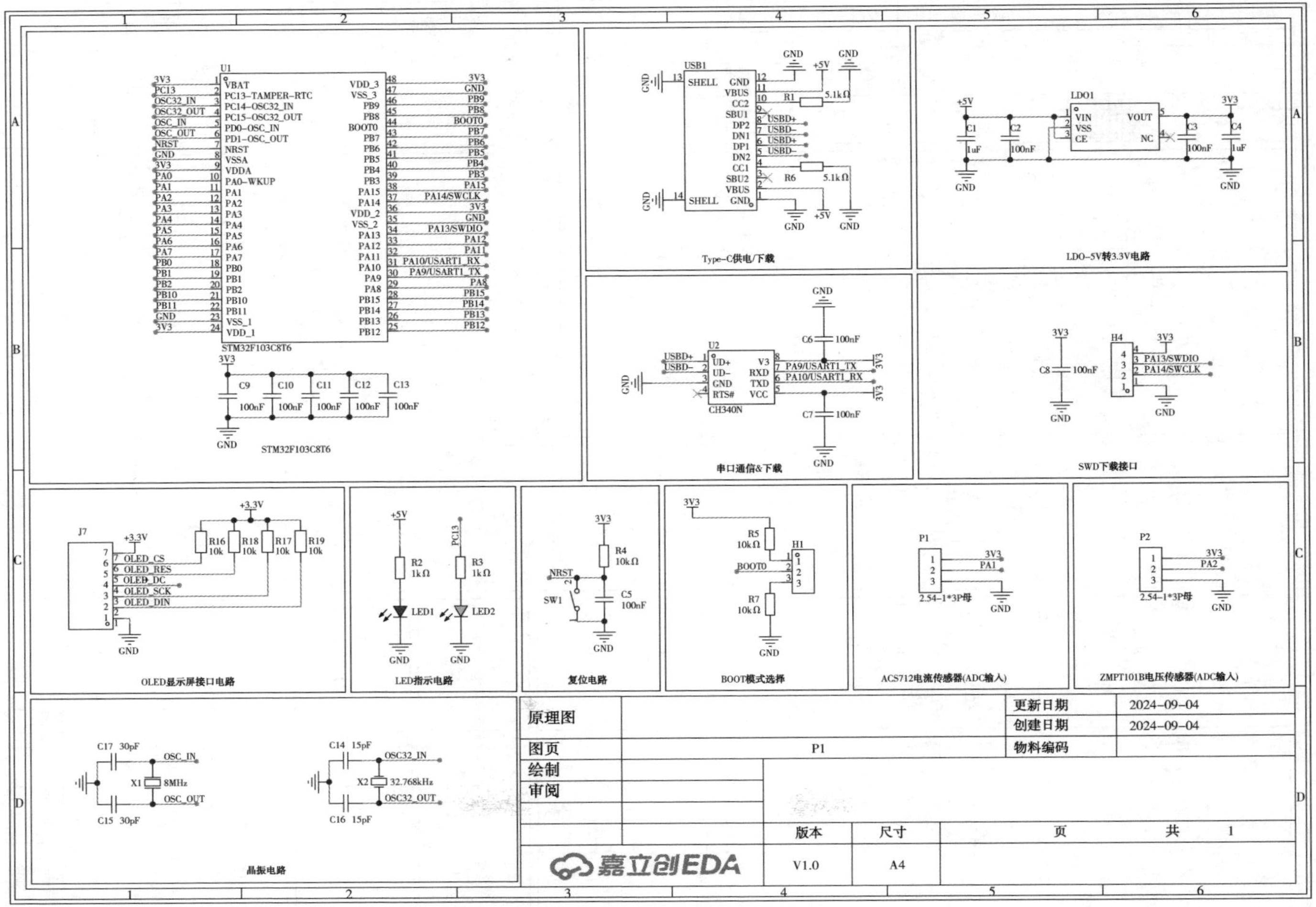

STM32F103C8T6
Type-C供电/下载
LDO-5V转3.3V电路
串口通信&下载
SWD下载接口
OLED显示屏接口电路
LED指示电路
复位电路
BOOT模式选择
ACS712电流传感器(ADC输入)
ZMPT101B电压传感器(ADC输入)
晶振电路
原理图
图页
P1
绘制
审阅
更新日期
2024-09-04
创建日期
2024-09-04
物料编码
版本
V1.0
尺寸
A4
页
共
1

附图1

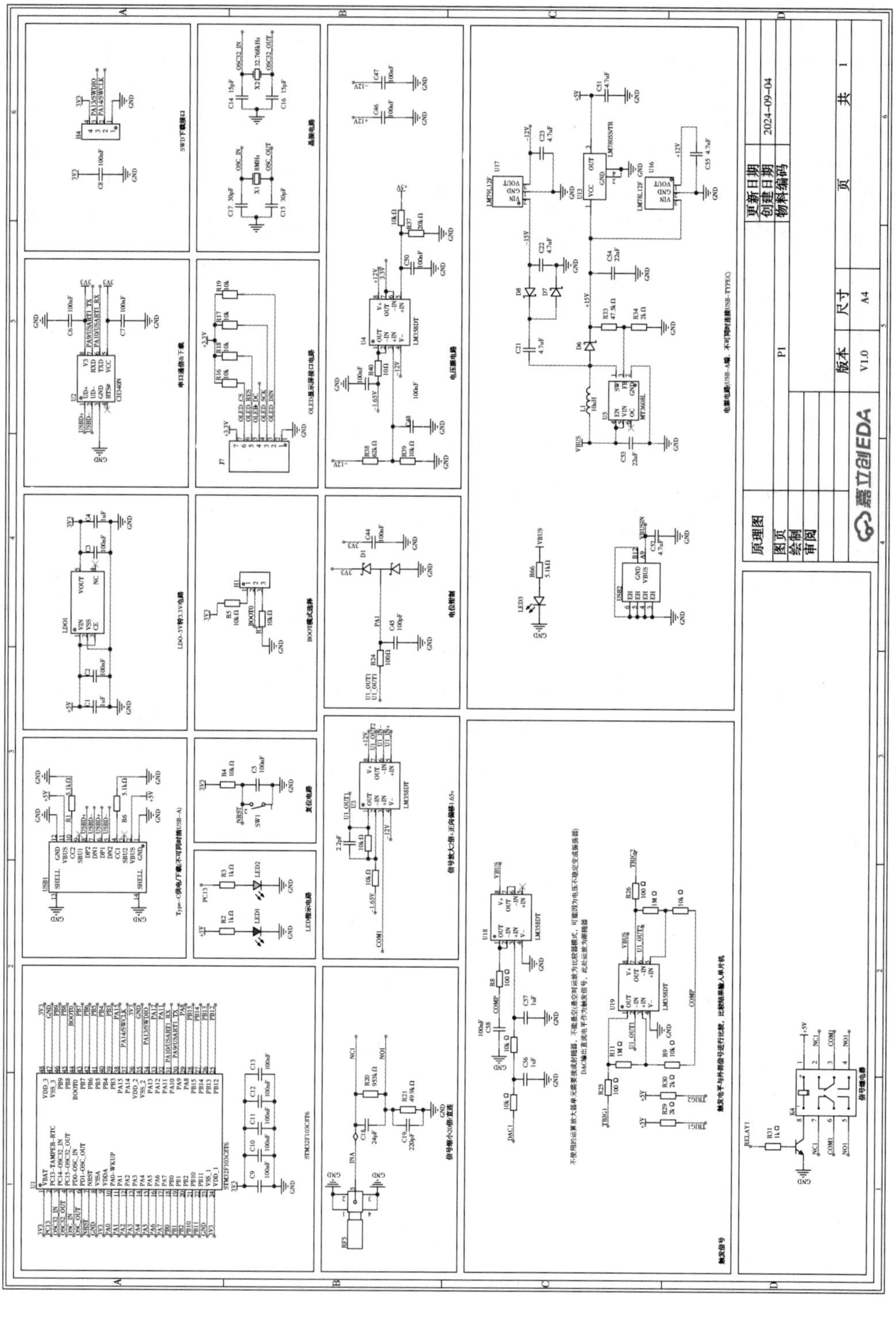

附图2

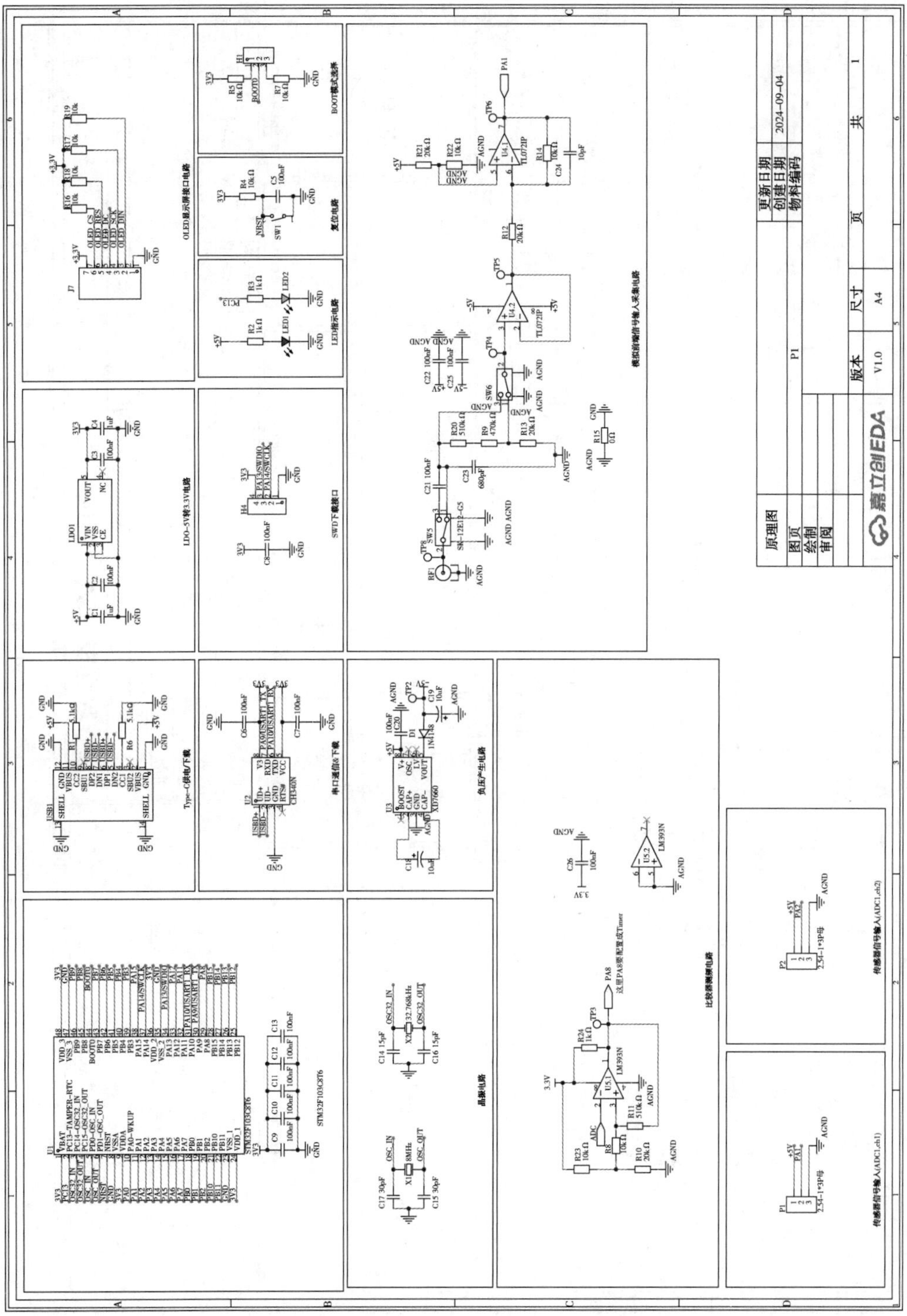

附图3

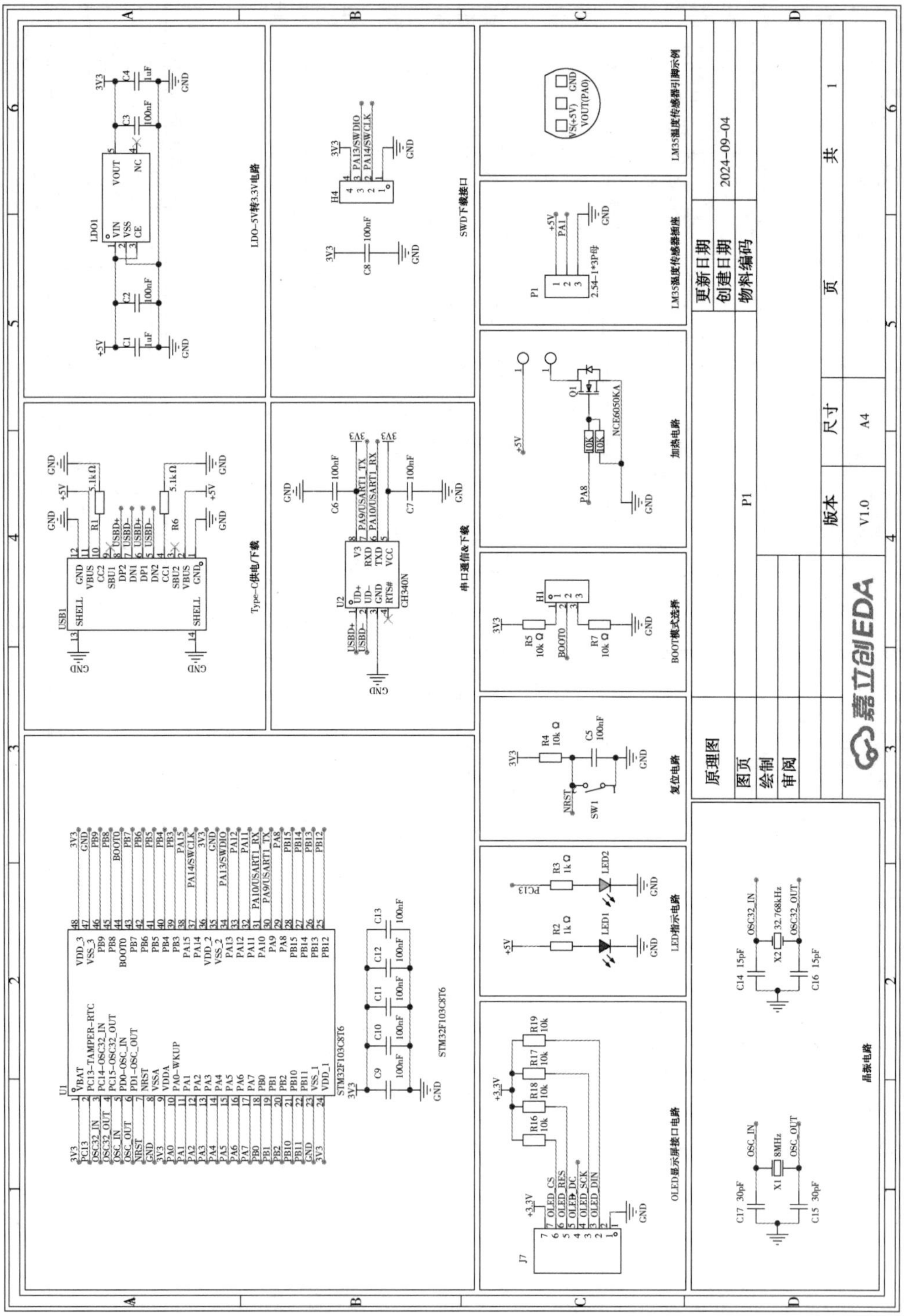
LDO-5V转3.3V电路
SWD下载接口
LM35温度传感器引脚示例
Type-C供电/下载
串口通信&下载
LM35温度传感器插座
加热电路
BOOT模式选择
复位电路
LED指示电路
OLED显示屏接口电路
晶振电路
STM32F103C8T6
原理图
图页
P1
绘制
审阅
更新日期
创建日期
2024-09-04
物料编码
版本
V1.0
尺寸
A4
页
共
1
嘉立创EDA

附图4

参 考 文 献

[1] 曾文权，王辉，王亚涛．嵌入式系统开发项目教程：基于 STM32CubeMX+HAL 库[M]．北京：北京交通大学出版社，清华大学出版社，2022.

[2] 严学文，漆强．嵌入式系统设计实验：基于 STM32CubeMX 与 HAL 库[M]．西安：西安电子科技大学出版社，2023.

[3] 赵志恒，等．STM32CubeMX 轻松入门[M]．北京：北京航空航天大学出版社，2022.

[4] 廖裕评，陆瑞强，友晶科技研发团队．逻辑电路设计 DE2-115 实战宝典[M]．友晶科技，2012.

[5] 贺敬凯．Verilog 数字设计实训教程[M]．西安：西安电子科技大学出版社，2012.

[6] 牟海维，韩建，赵丽华．51 单片机与 FPGA 课程设计教程[M]．哈尔滨：哈尔滨工程大学出版社，2016.

[7] 漆强．嵌入式系统设计：基于 STM32CubeMX 与 HAL 库[M]．北京：高等教育出版社，2022.

[8] 王维波，鄢志丹，王钊．STM32Cube[M]．北京：电子工业出版社，2017.